彩图1　白梨

彩图2　砂梨

彩图3　秋子梨

彩图4　新疆梨

彩图5　西洋梨

彩图6　'早生新水'梨果实

彩图 7　'翠冠'梨果实

彩图 8　'沪晶梨 67 号'梨果实

彩图 9　'新世纪'梨果实

彩图 10　'爱甘水'梨果实

彩图 11　'沪梨 5 号'梨果实

彩图 12　'幸水'梨果实

彩图 13　'圆黄'梨果实

彩图 14　'清香'梨果实

彩图 15　'雪青'梨果实

彩图 16　'黄金'梨果实

彩图 17　'菊水'梨果实

彩图 18　'丰水'梨果实

彩图 19　'黄花'梨果实

彩图 20　'金廿世纪'梨果实

彩图 21　'满丰'梨果实

彩图 22　'新高'梨果实

五至六成熟

六至七成熟

七至八成熟

彩图 23　'翠冠'梨不同成熟度照片

　　　　（1）　　　　　　　　　　　　（2）

　　　　（3）　　　　　　　　　　　　（4）

(11) (12) (13) (14) (15)

彩图24 梨树种类、品种和病虫害种类识别

农民技能提升培训系列教材
NONGMIN JINENG TISHENG PEIXUN XILIE JIAOCAI

梨树栽培

编审委员会

主　任　叶军平
副主任　刘佩红　费　强
委　员　朱建华　叶正文　夏海云　沈富林　张根玉
　　　　丰东升　黄　辉　孙月星　骆　军　曹　云

编审人员

主　编　骆　军
副主编　王晓庆　彭　激
编　者　周慧娟　施春晖　陆　伟　蒋　爽
主　审　叶正文
审　稿　夏　琼

中国劳动社会保障出版社

图书在版编目(CIP)数据

梨树栽培/上海市农业广播电视学校组织编写. -- 北京：中国劳动社会保障出版社，2020

农民技能提升培训系列教材

ISBN 978-7-5167-4247-1

Ⅰ.①梨… Ⅱ.①上… Ⅲ.①梨-果树园艺-技术培训-教材 Ⅳ.①S661.2

中国版本图书馆 CIP 数据核字(2020)第 041111 号

中国劳动社会保障出版社出版发行

(北京市惠新东街 1 号 邮政编码：100029)

*

北京市艺辉印刷有限公司印刷装订 新华书店经销

787 毫米×1092 毫米 16 开本 12.75 印张 4 彩插页 237 千字

2020 年 4 月第 1 版 2020 年 4 月第 1 次印刷

定价：38.00 元

读者服务部电话：(010) 64929211/84209101/64921644

营销中心电话：(010) 64962347

出版社网址：http://www.class.com.cn

版权专有 侵权必究

如有印装差错，请与本社联系调换：(010) 81211666

我社将与版权执法机关配合，大力打击盗印、销售和使用盗版图书活动，敬请广大读者协助举报，经查实将给予举报者奖励。

举报电话：(010) 64954652

内容简介

本教材由上海市农业广播电视学校依据上海梨树栽培职业技能鉴定细目组织编写。教材从强化培养操作技能，掌握实用技术的角度出发，较好地体现了当前最新的实用知识与操作技术，对于提高从业人员基本素质，掌握梨树栽培核心知识与技能有直接的帮助和指导作用。

本教材在编写中根据本职业的工作特点，以能力培养为根本出发点，采用模块化的编写方式。全书共分为9章，内容包括梨树栽培基础知识，影响梨树栽培的条件，建园，育苗，梨树树体管理，病虫害的发生和防治，安全优质果品生产，梨树新型栽培模式，果实成熟期管理、采收和商品化处理。

本教材可作为梨树栽培的农民技能提升培训与鉴定考核教材，也可供全国中高等职业技术院校相关专业师生参考使用，以及相关职业从业人员培训使用。

教材部分图片由浙江大学滕元文、湖北省农业科学院伍涛、浙江温岭王涛、上海市奉贤区林业站张林山、上海市奉贤区庄行镇林业站吴贤及上海市梨研究所林雪君提供。在此一并感谢大家的支持。

前　言

大力开展农业技能培训，提升广大农民技能素质，加快培养一批专业型、技能型、创新型劳动者和高技能人才，培育一支"爱农业、懂技术、善经营"的高素质农民队伍，将为实施乡村振兴战略、推进现代绿色农业发展提供人才支撑，促进农民收入持续增长。

为更好地满足农业产业发展需要，近年来，上海市农业农村委员会在种植、畜牧、水产、农机、农产品安全等领域，积极开展农业新业态、新技能培训项目开发，广泛开展农业从业人员实用技术培训，提高优质农产品生产水平和农业专业化服务能力，围绕家庭农场、农民专业合作社、农业龙头企业等新型农业经营主体，以农业高技能人才培养基地为平台，发挥农民技能培训辐射带动作用，形成了规模化农民技能培训的示范效应。

为配合农民技能提升培训工作的需要，上海市农业农村委员会、上海市农业广播电视学校组织了农业领域的专家、技术人员共同编写了农民技能提升培训系列教材。本系列教材严格按照鉴定考核细目进行编写，以产业发展为立足点，以生产技能和经营管理能力提升为主线，注重知识和技能的针对性和有效性，实用性强，适应农民技能培训和自身学习需要，是广大农民增收致富的好帮手。

本系列教材在编写过程中得到了上海市、区两级相关农业技术推广部门与农业院所有关专家的关心指导和大力支持，在此谨表示最诚挚的谢意。

由于水平有限，不当之处在所难免，恳请读者指正。

农民技能提升培训系列教材　编委会

目 录

第1章 梨树栽培基础知识

知识要求 …………………………………………… 2
  1.1 概况 ………………………………………… 2
  1.2 栽培梨的主要种类和特性 ………………… 6
  1.3 梨树器官形态、构成 ……………………… 12
本章测试题 ………………………………………… 19
本章测试题答案 …………………………………… 20

第2章 影响梨树栽培的条件

知识要求 …………………………………………… 22
  2.1 立地条件 …………………………………… 22
  2.2 气候条件 …………………………………… 23
技能要求 …………………………………………… 25
  园地选择 ……………………………………… 25
本章测试题 ………………………………………… 26
本章测试题答案 …………………………………… 26

第3章 建园

知识要求 …………………………………………… 28
  3.1 可行性方案 ………………………………… 28
  3.2 定植和管理 ………………………………… 29
技能要求 …………………………………………… 32
  常规梨园规划 ………………………………… 32
  定植 …………………………………………… 32

本章测试题 ········· 33
本章测试题答案 ········· 33

第 4 章　育苗

知识要求 ········· 36
 4.1　梨苗繁殖 ········· 36
 4.2　组织培养 ········· 40
技能要求 ········· 41
 苗木存放 ········· 41
 种子层积 ········· 42
 种子条播 ········· 42
 切接法枝接 ········· 43
 劈接法枝接 ········· 43
 嵌芽接 ········· 44
 高接 ········· 45
本章测试题 ········· 45
本章测试题答案 ········· 46

第 5 章　梨树树体管理

知识要求 ········· 48
 5.1　梨树的生长发育 ········· 48
 5.2　花和果实管理 ········· 51
 5.3　草控制和土肥水管理 ········· 56
 5.4　整形修剪 ········· 62
技能要求 ········· 69
 条沟式施基肥 ········· 69

开心形树形修剪 …………………………………… 69

　　疏散分层形树形修剪 ………………………………… 70

　　平棚架开心形树形修剪 ……………………………… 71

　　细长纺锤形树形修剪 ………………………………… 71

　　Y形树形修剪 ………………………………………… 71

　本章测试题 …………………………………………… 72

　本章测试题答案 ……………………………………… 73

第6章 病虫害的发生和防治

　知识要求 ……………………………………………… 76

　　6.1 病害种类、发生条件和防治 …………………… 76

　　6.2 虫害种类、发生条件和防治 …………………… 88

　　6.3 冬季病虫害防治 ………………………………… 105

　　6.4 综合防治技术 …………………………………… 106

　技能要求 ……………………………………………… 109

　　刮树皮及树体保护 …………………………………… 109

　　200倍等量式波尔多液配制和喷洒 ………………… 109

　　200倍倍量式波尔多液配制和喷洒 ………………… 110

　　二步法配制1 000倍液体农药和喷药 ……………… 111

　　二步法配制2 000倍液体农药和喷药 ……………… 111

　　二步法配制1 000倍固体农药和喷药 ……………… 112

　　二步法配制2 000倍固体农药和喷药 ……………… 112

　本章测试题 …………………………………………… 113

　本章测试题答案 ……………………………………… 113

第 7 章　安全优质果品生产

知识要求 ·· 116
　7.1　果品安全生产 ································· 116
　7.2　梨果安全生产认证 ························· 122
技能要求 ·· 129
　果园档案的建立 ································· 129
本章测试题 ·· 130
本章测试题答案 ····································· 131

第 8 章　梨树新型栽培模式

知识要求 ·· 134
　8.1　设施栽培 ······································· 134
　8.2　南方水网地区梨树省力化栽培 ······· 138
本章测试题 ·· 141
本章测试题答案 ····································· 141

第 9 章　果实成熟期管理、采收和商品化处理

知识要求 ·· 144
　9.1　果实采收 ······································· 144
　9.2　贮运 ··· 153
　9.3　监测 ··· 160
技能要求 ·· 163
　基础冷库管理 ····································· 163
　气调库管理 ·· 163
　果品抽检 ·· 164

本章测试题 …………………………………………… 164
本章测试题答案 ……………………………………… 165
● **理论知识考试模拟试卷及参考答案** ………………… 166
● **操作技能考核模拟试卷** …………………………… 175

第1章

梨树栽培基础知识

1.1 概况 /2

1.2 栽培梨的主要种类和特性 /6

1.3 梨树器官形态、构成 /12

学习目标

- 了解国内外梨树种植区域分布、产业概况,国内梨生产存在的问题。
- 了解梨的分类和品种知识。
- 了解梨树叶、枝、芽、花、果实等器官及树体主要构成。

1.1 概 况

梨属于蔷薇科,苹果亚科,梨属,适应能力强,在全球很多国家都能种植。我国和亚洲其他地区主要种植砂梨等东方梨,欧洲、中东地区及美洲主要种植西方梨。梨属包含野生种和栽培种,亚洲地区野生种以杜梨、豆梨和川梨为代表。栽培种以白梨、砂梨和秋子梨为代表,其中代表的品种有'鸭梨''砀山酥梨''南果梨'等。梨属植物自交不亲和,受 S 基因控制,在生产过程中需要配置授粉树。梨在冬季需要休眠,因此靠近赤道的地区不适合种植梨。目前我国只有海南省没有商业化种植梨。

1.1.1 栽培现状

1. 国内外梨树栽培概述

据联合国粮食及农业组织(FAO)统计,截至 2017 年,世界上生产梨的国家有 95 个,栽培面积为 $138.56 \times 10^4 \ hm^2$[①],单位面积产量达到 $17.44 \ t/hm^2$(亩[②]产 $1\ 162.66 \ kg$),总产量为 $2\ 416.83 \times 10^4 \ t$。通过分析近 10 年的数据可以发现,全球梨栽培面积自 2015 年开始下降,单位面积产量和总产量较 10 年前有大幅提高(见图 1-1)。其中,单位面积产量从 2008 年的 $13.51 \ t/hm^2$ 提高至 2017 年的 $17.44 \ t/hm^2$,产量的提高说明梨园的生产水平在不断改善。但是不同国家间差异较大,以 2017 年梨单位面积产量为例,产量较高的国家有瑞士($51.79 \ t/hm^2$)、新西兰($50.14 \ t/hm^2$)、美国($36.10 \ t/hm^2$);亚洲地区,

---

① 即 138.56 万公顷,hm^2 为公顷的单位符号,$1 \ hm^2 = 0.01 \ km^2$。
② $1 \ 亩 \approx 666.7 \ m^2$。

韩国单位面积产量为 21.15 t/hm², 日本为 20.81 t/hm², 我国是 17.26 t/hm²。单位面积产量一定程度上反映了各国梨生产管理水平和市场需求差异, 同高水平国家相比, 我国的梨生产水平亟须提高。

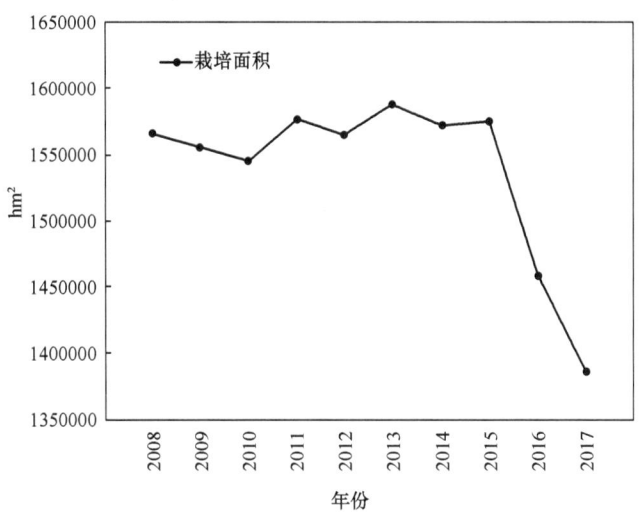

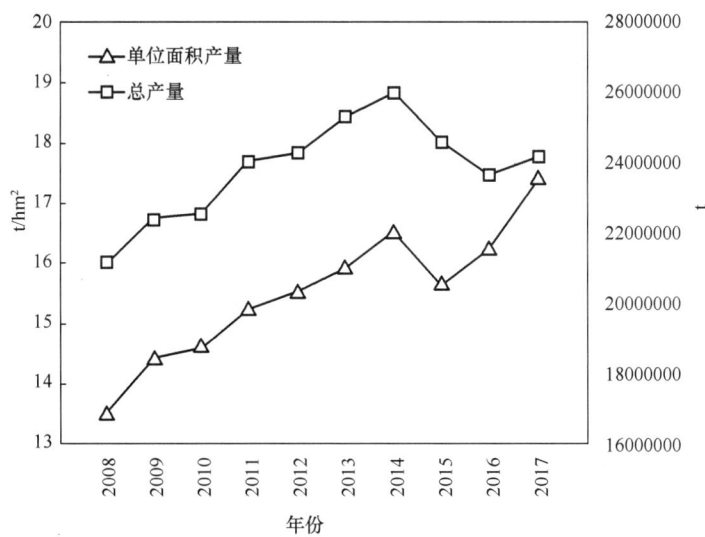

图 1-1　2008—2017 年世界梨栽培面积、单位面积产量和总产量

从梨总产量来看, 产量最高的亚洲地区梨产量为 $1\,844\times10^4$ t, 占据全球总产量的 76.4%, 其次是欧洲地区的 281×10^4 t, 占全球总产量的 16.6%（见图 1-2）。我国梨

产量为 $1\,653\times10^4$ t，占全球总产量的 68.5%。亚洲地区的梨种植面积也显著大于其他地区（见图 1-3），为 110.6×10^4 hm^2。我国的梨种植面积为 95.7×10^4 hm^2，占全球总种植面积的 69.3%。因此，我国的梨种植面积和产量均居世界首位，是世界上最大的梨生产国。

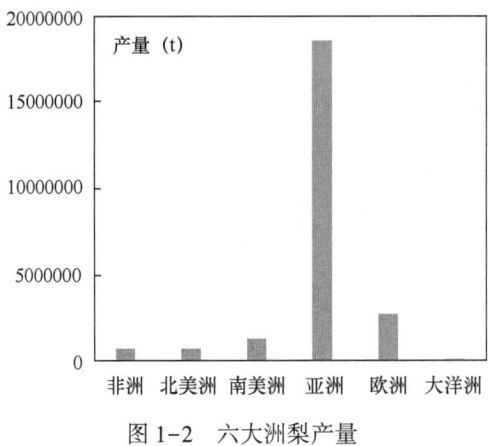

图 1-2　六大洲梨产量

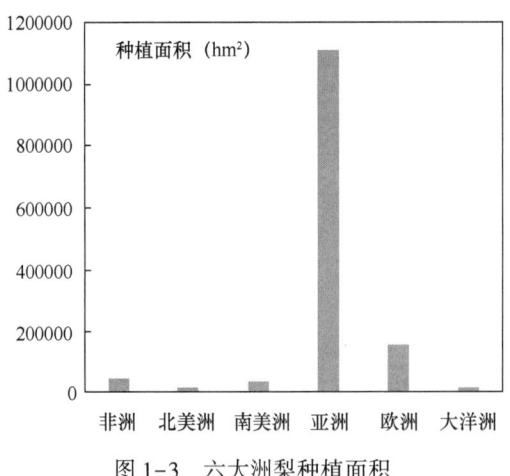

图 1-3　六大洲梨种植面积

FAO 统计显示，2016 年全球梨出口总量为 245×10^4 t，中国、比利时和新西兰是世界范围内梨出口量排名前三的国家，其梨出口量分别占世界梨出口总量的 16.9%、12.1% 和 11.6%。俄罗斯和德国是主要的梨进口国家，其梨进口量分别占世界梨进口总量的 9.1% 和 6.4%。此外，英国、巴西、白俄罗斯、新西兰等也是梨进口量较大的国家。

2. 上海梨树栽培概述

上海位于长江中下游地区，雨水充足，砂梨是上海适栽品种，如'早生新水'梨、'翠冠'梨、'雪青'梨、'丰水'梨、'黄花'梨等。20 世纪 60 年代至 70 年代，梨曾经是上海"当家"水果，种植面积超过上海所有水果种植面积的 1/2。20 世纪 80 年代至今，上海梨种植面积一直保持在 2 000 hm² 左右，只是集中采收季逐年提早，从 8 月下旬提早到目前的 7 月下旬至 8 月初。商业生产中，上海种植的 7 月底至 8 月初成熟的早熟梨有较好利润，其种植面积占上海梨种植面积 80% 以上，品种主要是'翠冠'梨，'早生新水'梨也有一定种植量。上海也能种植晚熟梨，比如'黄花'梨、'丰水'梨等，只是 8 月份后河北、山东、陕西等梨主产区的梨大量上市，这些地区梨生产成本低，因此价格低，竞争力强。此外，上海紧邻东海，受台风气候影响，而每年的 8 月份台风多发，因此在上海地区种植中晚熟梨面临着价格不稳定、风险大等问题。

1.1.2 国内梨生产存在的主要问题

1. 经济和城镇化发展对梨生产造成影响

以上海为代表的国际化大都市虽然都有农田，也有农业，但是在城市发展过程中，由于城市用地逐年增加，农业用地规模正在不断缩小。在有限的农业用地中，梨园也在不断减少。这是当前上海地区梨生产中最为突出的矛盾之一。就全国来说，随着第二、第三产业的发展，经济相对发达地区种植梨的效益下降，梨树种植区域逐步向中西部地区转移。这些地区随之就产生了大量梨树种植新区，新区缺少大量熟练操作人员，其他生产要素也会发生较大变动，在这过程中，梨产量、质量和效益就会出现较大波动。

2. 劳动力老龄化和数量不足

梨生产过程包含打药、套袋、采摘等工作，这些工作都需要大量劳动力。包括上海在内的地区的老梨园劳动力以年龄 60 岁以上的老年人为主，年轻人不愿意从事农业生产。有限的劳动力供给市场导致人工成本逐年增加，果园生产利润逐年降低。

3. 原有种植方式同机械化和省力化栽培矛盾

劳动力不足，必然会促进机械的使用，但当前全国范围内梨园还不能大面积采用机械化生产。梨园树冠冠幅大，果园郁闭，喷药机类的机器难以进入果园。另外，果园机械种类相对较少，价格高，投入成本大。虽然在上海地区已经逐步推广单干细长纺锤形等省力化树形，但是和内陆地区不同的是上海地区雨水充足，梨园需要开沟，限制了机械的使用。未来，需要逐步配合机械化生产，在建园、苗木培养、树形管理等方面采取措施。

4. 产量和消费需求不平衡

果园生产都面临生产和销售信息不对称等问题。例如前一年梨价格高，当年就会有大批农民新建梨园，待3～5年后投产，梨产量显著提高，而消费端需求并未增长，导致"果贱伤农"。随着梨园管理水平的不断提高，亩产也在增加，如何扩大销路，发挥都市农业的优势是未来上海地区梨种植要解决的难点。全国范围来讲，梨和其他水果都面临种植规模过大，供大于求的问题。对此，需要农业主管部门加强宏观引导，合理布局、发展梨树产业。

5. 优势品种造成品种单一

以上海为例，'翠冠'梨集聚早熟、适应性好和品质优的特点，成为上海地区主要种植品种，取代了原有诸多品种，种植面积占上海梨种植面积的80%以上。新优秀品种的出现不但没有增加生产品种，反而导致品种单一、成熟期集中等问题。'翠冠'梨从推出至今已有20年历史，该品种目前在全国范围内推广种植，必将导致该品种的市场饱和，价格将会进一步走低。而由于内陆地区生产成本较低，上海地区种植'翠冠'梨将在竞争中处于劣势。此外，与桃、柑橘、葡萄相比，梨品种单一，在都市农业尤其是观光采摘中不能满足市民多样化、个性化的需求，这也限制了上海梨产业的发展。

6. 常发的自然灾害影响梨树生产

上海大多数梨树栽培品种花期在3月底至4月上旬，而断霜时间为4月上旬，遭遇霜害概率较大，会影响梨树的授粉、受精、座果和产量。而上海的早春连阴雨、梅雨、秋雨、台风雨也造成梨树病害严重，增加了防病成本，同时也直接影响梨树生长、产量和品质。夏季台风、龙卷风、冰雹也时常发生，影响梨树生产。上海地区地势低洼、内涝，对梨树生产也有很大影响。

1.2 栽培梨的主要种类和特性

1.2.1 梨属起源

梨属植物属于蔷薇科，苹果亚科。蔷薇科的其他属的染色体基数为7～9，而梨属植物的染色体基数为17。目前主流推论认为，梨属17条染色体是由蔷薇科原始型（$n=9$）加倍后丢失一条而来。梨、苹果及榅桲的属间杂种的产生，以及榅桲可以作为西洋梨矮化砧的事实表明这些属之间具有较近的亲缘关系。

一般认为梨属植物起源于第三纪的我国西部或西南部的山区。在奥地利、格鲁吉亚、日本鸟取县、瑞士和意大利均发现了梨叶片或者果实的化石。而在美洲和大洋洲没有发现梨的化石。在梨的传播过程中形成了3个次生中心。第一个是中国中心，演化出砂梨和秋子梨；第二个是中亚中心，包括印度西北部、阿富汗、塔吉克斯坦、乌兹别克斯坦和天山西部地区；第三个是近东中心，包括小亚细亚、高加索地区、伊朗和土库曼斯坦的丘陵地带，产生了西洋梨。按照地理分布，梨属植物分为西方梨（occidental pears）和东方梨（oriental pears）两个类群。第一个次生中心分布的梨属植物即东方梨；第二和第三个次生中心分布的梨属植物为西方梨。

1.2.2 梨属植物的基本种及形态分类

迄今为止，梨属被大多数分类学家所认可的种有30个左右。根据梨果实大小可将梨属植物分为5大类群，即亚洲大中果型梨类、亚洲豆梨类、欧洲种、西亚种及非洲种。其中前两类为东方梨，后三类属于西方梨。原产我国的梨属种有13个，其中5个是基本种，分别为砂梨、秋子梨、川梨、杜梨和豆梨，其他种一般被认为是杂种起源的非基本种或者逃逸种，包括白梨、新疆梨、褐梨、麻梨、滇梨、河北梨、木梨和杏叶梨。

梨属种之间不存在生殖隔离，为自交不亲和，种内和种间杂交情况比较普遍，因此梨的杂合度高。从形态上看，大部分西方梨有5个心室，而东方梨的心室数多样，从亚洲豆梨类的2~3个到亚洲大中果型梨类的5个；西方梨果实一般需经过后熟过程才可食用，而东方梨除秋子梨外一般不需要后熟；果实成熟时，西方梨果实大多萼片宿存，而东方梨大多萼片脱落；西方梨的叶缘一般为全缘或钝锯齿，而东方梨没有全缘的，且通常叶缘变化较大。这些特征均说明东方梨和西方梨有着显著差异。这两大种群的梨杂交后代有时会发生不育，它们之间的嫁接亲和力往往较低。欧美各国西洋梨树的矮化砧大多采用榅桲。但是，榅桲砧与东方梨的亲和性很差。此外，从抗病性来看，西方梨不容易感染梨锈病，但易感染梨火疫病，而东方梨则相反。

通过人工杂交手段可以获得大量梨的种间杂种，后代大多是可育的，这些后代显示的性状是双亲种的中间类型。一般认为麻梨是砂梨和豆梨的杂种，新疆梨是西洋梨和白梨的杂种，河北梨是褐梨和秋子梨的杂种，而褐梨是杜梨和秋子梨的杂种。其他杂种的起源目前尚不明确。种间自然迁移杂交，种的逃逸，杂种基因渗透加上人为的转移和杂交，使得梨属植物起源比较复杂。

1.2.3 梨属植物的品种演化

原产我国的东方梨品种根据其起源和地理分布基本可归为白梨、砂梨、秋子梨、新疆梨系统。西方梨中只有西洋梨有栽培种。

1. 白梨

白梨（见彩图1①）是我国种植面积最大的一个梨系统，主要分布于河北、安徽、山东、辽宁、山西等省，华北、西北地区的其他地方也有栽培。白梨是主要分布在中国黄淮流域的脆肉大果型梨，为乔木，小枝无毛或几乎无毛。叶为阔椭圆形或卵圆形，先端渐尖，基部为阔楔形或圆形，叶缘为贴附性锐锯齿状。果实为长圆形或瓢形，黄绿色，果梗长，萼片脱落或宿存，心室为4~5个，石细胞少，无须后熟即可食用。果实多耐贮藏，花期早，耐寒性较秋子梨弱，适于在年平均气温7~15℃的冷凉干燥气候地区栽培。白梨的栽培品种约有500多个，代表品种有'鸭梨'和'莱阳慈梨'。

2. 砂梨

砂梨（见彩图2）系统由野生砂梨演化而来。一般认为野生砂梨长于我国长江流域及其以南地区，但现在已经很难找到自然分布的野生种了。根据地域分布，砂梨系统可以分为中国砂梨和日本梨。朝鲜半岛的部分梨也有砂梨的"血统"。砂梨为乔木，小枝上的幼叶初具灰白色茸毛。叶大，为阔椭圆形或卵圆形，先端渐尖，基部为圆形或阔楔形，叶缘锐锯齿状。果实为扁圆形、圆形，间或有长圆形或卵形的。果皮多为锈褐色，也有绿色的，萼片多脱落，果梗长，石细胞较多，心室大多为4~5个。果实成熟后不经后熟即可食用，一般贮藏性能差。砂梨抗寒性差，对水分要求高，耐热，在南方地区栽培表现较好。能耐-20℃左右的低温，适宜在年平均气温为13~21℃的温暖湿润地区栽培。砂梨的代表品种有四川'苍溪'梨、威宁'大黄'梨、云南'宝珠'梨、'严州雪梨''黄花'梨等。日本梨品种也属本种，如'二十世纪'梨、'菊水'梨、'新水'梨、'丰水'梨、'幸水'梨、'二宫白'梨、'晚三吉'梨、'明月'梨等。

3. 秋子梨

秋子梨（见彩图3）系统主要分布在我国的北方地区和朝鲜。叶为卵圆形至阔椭圆形，基部为圆形或楔形，先端渐尖，叶缘锐锯齿状。果实小，多为圆形或扁圆形，黄绿色，有的阳面呈浅红色。萼片宿存，果梗很短。果肉石细胞发达，一般必须经后熟方可食用。秋子梨系统包括野生种和栽培种，野生种果实小，和豆梨类似，有自然群体分布；而栽培种果实大，后熟后果实香味浓郁。大量的研究证据表明秋子梨栽培种是秋子梨野生种和砂梨的杂交后代。秋子梨花期很早，耐旱、耐涝、耐瘠薄，抗寒力极强，能耐-35℃的低温，适于在年平均气温为4~12℃的寒冷地区栽培。本系统约有200个品种，'京白梨''鸭广梨'和'南果梨'是本系统传统的栽培品种，品质较优。秋子梨也可作为耐寒砧木。

4. 新疆梨

新疆梨（见彩图4）系统代表的品种有'库尔勒香梨'等，主要分布在我国的新疆维

---

① 彩图见文前彩插页。

吾尔自治区和甘肃省境内，被证明是由砂梨和西洋梨杂交而成的。新疆梨为乔木，小枝无毛。叶为卵圆形、椭圆形至阔椭圆形，先端短而渐尖，基部为圆形，少数为截形，叶缘上半部有锐锯齿，下半部锯齿浅或近于全缘。果实较小，卵圆形至倒卵圆形，萼片直立，宿存，心室有5个，果心大，果梗很长，无须后熟即可食用。本系统耐寒、耐旱，有30多个栽培品种，如甘肃的'长把'梨、新疆的'阿木特'梨、青海'贵德甜'梨，以及半栽培品种等。

5. 西洋梨

西洋梨（见彩图5）分布于欧洲的中部、东南部，小亚细亚半岛，伊朗北部等地。西洋梨为乔木，枝直立。叶小，革质，有光泽，卵圆形、椭圆形或圆形，先端急尖或短渐尖，基部近心形或阔楔形，全缘或先端部分具不显著的锯齿。果实为葫芦形或倒卵形，黄绿色、红色，无锈斑，果梗粗短，萼片多宿存。果实必须经后熟方可食用，质软汁多，味甜有香气，不耐贮藏。西洋梨性喜冷凉干燥气候，我国西洋梨的栽培面积较小，主要在山东烟台、辽宁大连、贵州、四川及西部冷凉干燥的山区。西洋梨能耐-20℃左右低温，适宜栽种在年平均气温为7~15℃的地区。果实需经后熟方可食用，优良品种有'巴梨''茄梨''三季'梨、'日面红'梨等，目前栽培较多的'贵妃'梨（又名'秋福'梨）、'康德'梨和'身不知'梨等是西洋梨与东方梨的杂种。

1.2.4 主要梨品种

1. 梨品种选育方法

（1）杂交育种。杂交育种目前仍是梨品种选育的主要方法，是针对期望的育种目标，获得兼具双亲优良特性的新品种的一种最有效的育种方法。

（2）实生选种。实生选种是人们有目标地播种自然授粉的种子，在后代中选择符合人们需要的优良单株。传统的地方品种大部分是通过实生选种得到的。

（3）芽变选种。芽变选种一般是对田间栽培品种变异性状进行观测选择，和原品种对比确认芽变后，继续高接纯化，待性状稳定后繁殖和保存，培育出新的品种。

（4）诱变育种。诱变育种是芽变选种方法的延伸。人工诱变可以显著提高体细胞的突变频率，创造丰富的变异类型。目前果树品种选育中最常用的诱变方法就是用Coγ射线对种子、休眠枝条、花粉等植物材料进行照射处理，诱发变异，培育新品种。

（5）分子标记辅助选择育种。分子标记辅助选择育种可以通过遗传标记对目标基因实施间接选择，能及时发现和淘汰某些不期望的性状，实现杂种实生苗的早期选择，在果树育种中有重要意义。国内梨的分子标记辅助选择育种技术依然处在研究和初步应用阶段，还未见运用此技术选育的新品种。

2. 我国主要梨品种

我国各地气候、土壤等生态条件差别大，在不同的条件下，育种目标也不同。南方主要以早熟、优质、无果锈、低需冷量、耐高温高湿、抗病性强等为选育目标，以优质、早熟（极早熟）为重点选育目标，育成品种有'翠冠'梨、'早生新水'梨、'初夏绿'梨等。中部及华北主产区以早中熟、品质优等为主要目标，育成品种有'中梨1号''黄冠'梨、'玉露香'梨、'苏翠1号'梨等。东北地区主要以抗寒、优质、晚熟、肉质软、风味浓郁为目标，育成品种有'寒香'梨等。西北地区主要以果形大、品质优、果肉细嫩、酥脆、抗旱性强为目标，育成品种有'甘梨早6'等。

此外，品质好、果实圆整、外观美、抗性强、耐贮运、丰产、稳产等也是基本的育种目标，红皮等特色是近几年梨商业育种重要的目标之一。

3. 上海地区种植的梨品种

我国梨的品种很多，估计现有3 000余个。适合南方地区种植的主要是砂梨和白梨。由于南方地区春季升温快，早熟梨在南方能够较快成熟，占有巨大优势。而上海地区果园生产成本偏高，虽然能够种植中晚熟梨，但是相对生产成本低廉的北方地区没有价格优势，并且南方沿海地区8月中旬多台风，不利于晚熟梨生产。因此，上海及整个南方地区以种植早熟梨为主。适宜上海地区栽种的品种见表1-1，各品种果实如彩图6至彩图22所示。

表1-1　　　　　　　　适宜上海地区栽种的品种介绍

品种	类别	来源	亲本	成熟期	皮色	单果重（g）	可溶性固形物含量（本书中含量均指质量百分比）	品质
'早生新水'梨	早熟梨	上海市农业科学院	'新水'梨实生后代	7月下旬	褐色	230	12%~14%	细嫩而松脆，石细胞极少，多汁，甜度适宜
'翠冠'梨		浙江省农业科学院	'幸水'梨×（'杭青'梨×'新世纪'梨）	7月底至8月初	绿色	250	12%	松脆，多汁，味甜，品质好
'沪晶梨67号'		上海市农业科学院	'八幸'梨×'早生新水'梨	7月底	褐色	270	12%以上	细脆，多汁，石细胞少，酸甜，风味好
'新世纪'梨		日本	'二十世纪'梨×'长十郎'梨	8月中上旬	绿色	180	12.1%~13.5%	稍致密，脆，味甜

续表

品种	类别	来源	亲本	成熟期	皮色	单果重（g）	可溶性固形物含量（本书中含量均指质量百分比）	品质
'爱甘水'梨	早熟梨	日本	'长寿'梨×'多摩'梨	8月初	褐色	200	13%	甜，稍硬品质较好
'沪梨5号'	中熟梨	上海市农业科学院	'早生新水'梨×'秋水'梨	8月中旬	褐色	290	13%	嫩脆，汁液较多，稍带酸味
'幸水'梨		日本	'菊水'梨×'早生幸藏'梨	8月中旬	褐色	200	12%~13%	细，多汁，品质上
'圆黄'梨		韩国	'早生赤'梨×'晚三吉'梨	8月中旬	褐色	300	13%	石细胞少，多汁，甜
'清香'梨		浙江省农业科学院	'新世纪'梨×'三花'梨	8月中旬	褐色	280	11%~13%	脆，稍硬，石细胞中等，甜
'雪青'梨		浙江农业大学（现为浙江大学农业与生物技术学院）	'雪花'梨×'新世纪'梨	8月中旬	绿色	300	12%	硬脆，石细胞中等
'黄金'梨		韩国	'新高'梨×'二十世纪'梨	8月中旬	绿色	240	13%~14%	致密，较硬，石细胞少，甜
'菊水'梨		日本	'太白'梨×'二十世纪'梨	8月下旬	绿色	150~200	12%~14%	细脆，稍硬，味甜多汁
'丰水'梨	晚熟梨	日本	（'菊水'梨×'八云'梨）×?	8月底至9月上旬	褐色	250	13%	细，稍有酸味，多汁，品质上
'黄花'梨		浙江农业大学	'黄蜜'梨×'三花'梨	8月底9月初	褐色	250	11%~13%	脆，稍有纤维感，石细胞中等，味甜稍带酸
'金甘世纪'梨		日本	'二十世纪'梨诱变品种	9月初	绿色	150~200	13%~14%	细脆，稍硬，味甜风味好

续表

品种	类别	来源	亲本	成熟期	皮色	单果重（g）	可溶性固形物含量（本书中含量均指质量百分比）	品质
'满丰'梨	晚熟梨	韩国	'丰水'梨×'晚三吉'梨	9月中下旬	褐色	350~450	13%	松脆，细，多汁
'新高'梨		日本	'天之川'梨×'今村秋'梨	10月中下旬	褐色	450~500	12%~13%	致密少汁，味甜，品质中

1.3 梨树器官形态、构成

1.3.1 营养器官

1. 叶

叶着生在果树枝条上，是进行光合作用的同化器官。

（1）叶的类型和结构。叶分为完全叶和不完全叶，完全叶由叶片、叶柄和托叶构成（见图1-4），缺少其中任一部分则为不完全叶。梨叶早期有托叶，随叶片生长而脱落。

（2）叶的形态特征。叶的形态特征见表1-2［依据标准《植物新品种特异性、一致性和稳定性测试指南 梨》(NY/T 2231—2012)］。

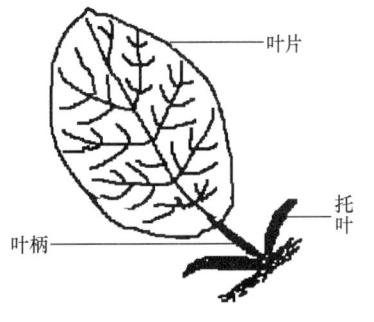

图1-4 完全叶的结构

表1-2　　　　　　　叶的形态特征

分类	形态及对应图片
叶片	披针形、窄椭圆形、椭圆形、阔椭圆形、卵圆形、倒卵圆形、圆形

续表

分类	形态及对应图片
叶尖	长渐尖、渐尖、急尖、钝尖
叶缘	全缘、圆齿状、钝锯齿状、锐锯齿状、复锯齿状
叶基	楔形、阔楔形、圆形、截形、心形

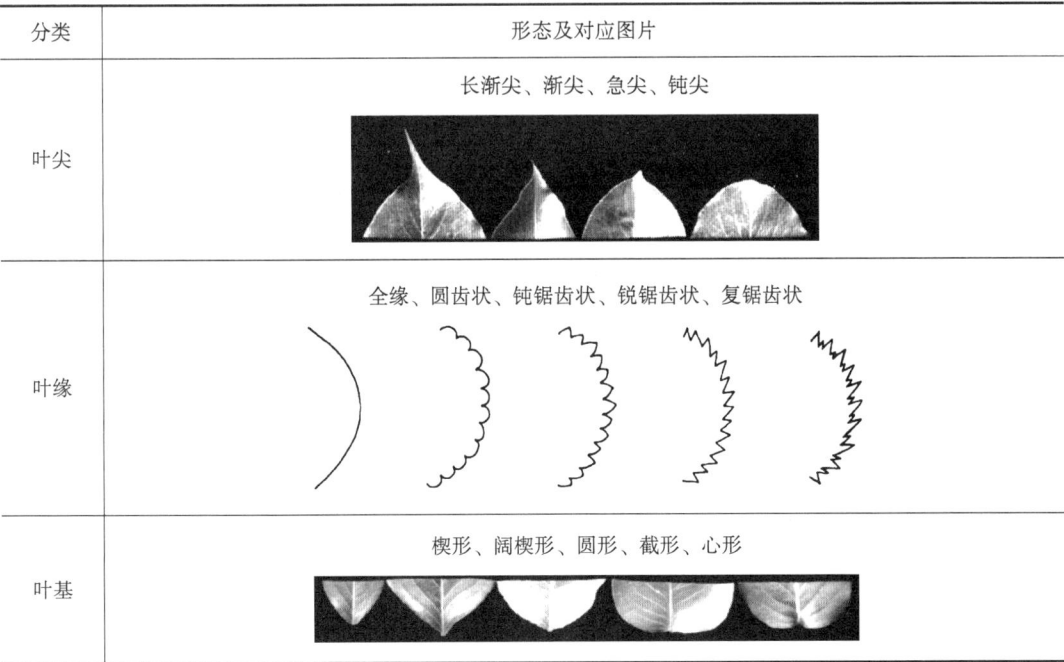

（3）叶幕。叶幕是果树树冠内集中分布并形成一定形状和体积的叶群体。

（4）叶面积指数。叶面积指数=果树叶面积总和/果树占地面积。

（5）叶片的功能。叶片通过光合作用制造有机养分并释放氧气；通过呼吸作用吸收氧气排出二氧化碳；蒸腾水分，调节体温；吸收养分。

2. 枝

枝的类型及功能见表1-3、表1-4。

表1-3　　　　　　　　　枝的类型

分类依据	名称	描述	备注
按年龄分	一年生枝	新梢，当年芽萌发形成的有叶枝	—
	多年生枝	骨干枝一般是多年生枝，包括主枝、副主枝、中心领导干	—
按生产功能分	结果枝	直接着生有花或花序并能结果的枝	长结果枝：15 cm 以上 中结果枝：5~15 cm 短结果枝：5 cm 以下
	营养枝	只长叶不开花结果的枝	—

表1-4 枝的功能

功能	描述
输导	木质部导管向上运输水分、矿物质和根部提供的有机化合物；韧皮部筛管向根部和其他器官输送光合作用产物等
支撑	主要靠机械组织实现支撑功能
贮藏	贮存糖类、含氮有机化合物、矿质营养元素、水分
繁殖	嫁接繁殖后，砧穗接口愈合，成为新植株

3. 芽

芽是枝、花、花序的原始体。

（1）芽的类型。芽的类型见表1-5。

表1-5 芽的类型

分类依据	名称	描述	备注
按位置分	顶芽	着生在枝的顶端	—
	侧芽	又叫腋芽，着生在叶腋处	—
按照萌发后形成器官分	叶芽	叶芽萌发产生叶和枝	—
	花芽	梨树的花芽属于混合花芽，芽萌发产生花和枝	按花芽在枝条的位置，又分顶花芽和腋花芽，不同梨品种主要形成花芽类型不同

（2）芽的结构。芽的结构从内向外依次为芽轴、顶端分生组织、叶原基、芽原基、雏叶（幼叶）和包在最外围的鳞片，如图1-5所示。

（3）芽的异质性。芽的异质性指枝条不同部位的芽在生长势及其他特性上存在差异的现象。

（4）芽的熟性。芽的熟性分为早熟性和晚熟性。前者指当年形成的芽萌发产生二次梢；后者指当年形成的芽不萌发，越冬后于第二年春萌发。芽的熟性体现芽休眠程度不同，而且受气候影响会发生变化，易造成秋冬季梨树二次萌发，出现梨"二次花"。

（5）萌芽率。萌芽率是枝上萌发的芽数与总芽数之比。梨树萌芽率较高，一般也称萌芽力好。

（6）成枝力。成枝力通常以成枝率来表示。成枝率是芽萌发抽生新梢数与总萌芽数之比。以白梨、砂梨为代表的东方梨成枝力较西洋梨差，实生树成枝力好。

（7）芽的功能。芽能够形成新的器官，作为繁殖材料。

（8）芽变。芽变是芽的分生组织中体细胞发生遗传物质突变而导致的变异。利用芽变可以选育新品种。

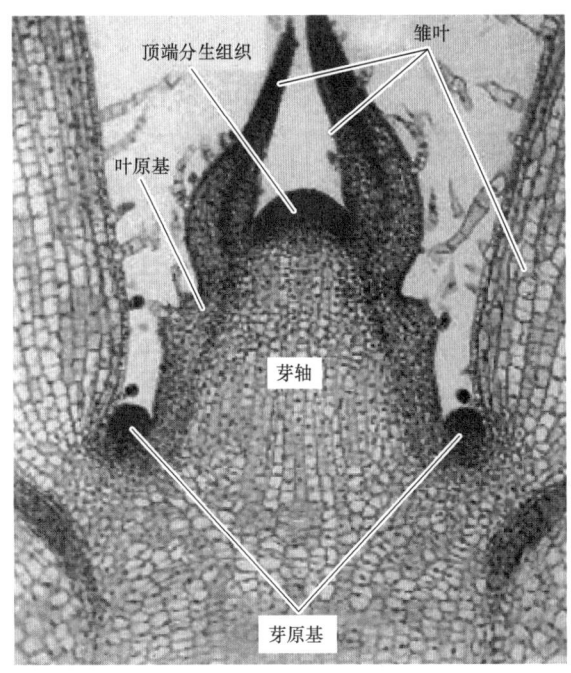

图 1-5 芽的结构

4. 根系

(1) 根系的结构（见图 1-6）

1) 主根。主根由种子胚根发育而成。

2) 侧根。侧根是主根上粗大的分支。

3) 须根。须根是主根、侧根上生发的许多细小的根。

4) 根毛。根毛是植物根部尖端表面所生的细毛，是根吸收水分和养料的主要部分。

(2) 根系的生命周期。幼树先长垂直根（主根）；初果期水平根（侧根、须根）生长显著加快；盛果期根系骨干根（主根、侧根）不再增加，根系范围达到最大（深、远）；衰老期根系范围收缩。

1.3.2 生殖器官

1. 花

花的结构包括花柄（花梗），花托，雌蕊

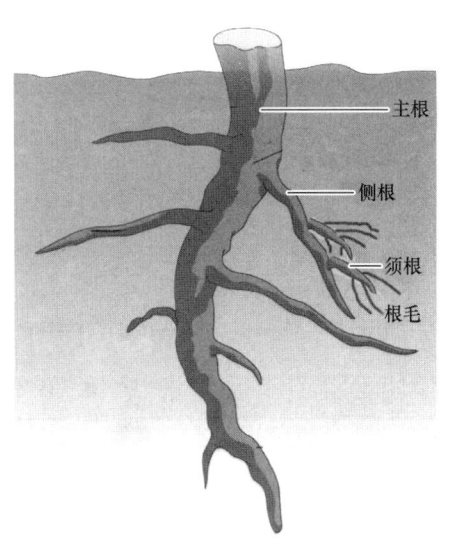

图 1-6 根系的结构

(子房、花柱、柱头），雄蕊（花丝、花药），花萼和花瓣，如图 1-7 所示。梨花为子房下位花。

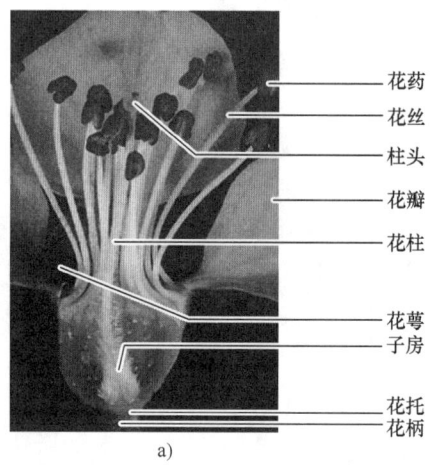

图 1-7　花的结构

a）蔷薇科桃花的结构　b）蔷薇科梨花的结构

2. 果实

根据果实构造，梨属于仁果类（见图 1-8）。其果肉由花托、外果皮、中果皮和内果皮发育而来，植物学上称之为假果。梨果实横切面如图 1-9 所示。一般梨栽培种有 5 个心室，种子不足 10 个，授粉好的种子数量多，果实发育也较好。

3. 种子

梨种子的形状有圆锥形、窄椭圆形、椭圆形、卵圆形和圆形。梨种子可用于繁殖实生苗。

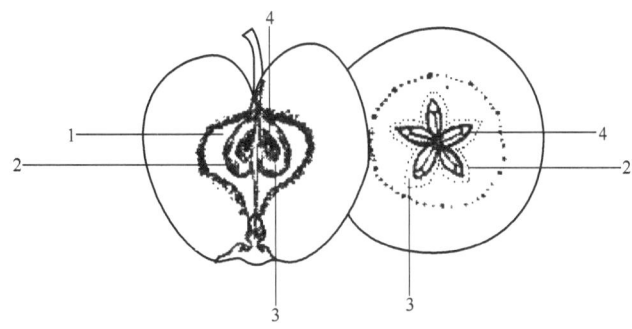

图1-8 仁果类果实构造

1—花托 2—外果皮 3—中果皮 4—内果皮

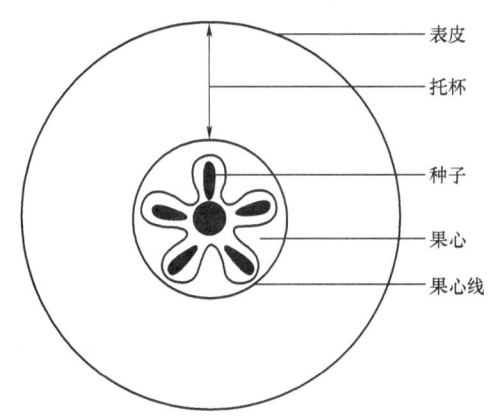

图1-9 梨果实横切面

注：图片来源于南京农业大学张树军博士论文《'南果梨'大果型芽变的细胞、生理及分子基础研究》。

1.3.3 树体构成

树体由树干和树冠构成，如图1-10所示。

1. 树干

树干是树体的中轴，分为主干和中心领导干。

2. 主干

根颈（根与树干的交接处）以上到第一分枝之间的部分称主干。

3. 中心领导干

主干以上到树顶之间的部分称中心干或中心领导干。

4. 树冠

主干及以上由茎多次分枝构成树冠。

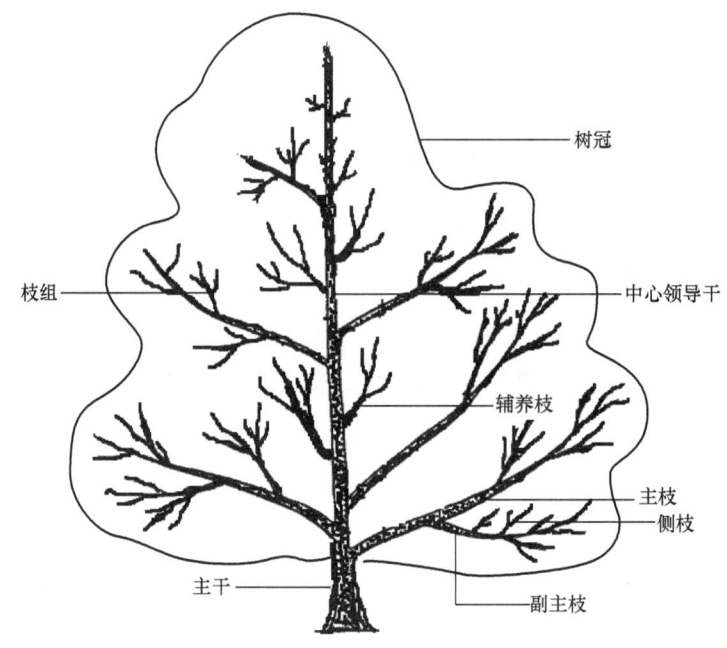

图 1-10　树体构成

5. 骨干枝

骨干枝是在树冠内起骨架作用的永久性大枝，包括主枝、副主枝、中心领导干。

6. 主枝

在中心领导干上着生的大枝称为主枝。

7. 副主枝

副主枝是着生于主枝上的亚级大枝。

8. 辅养枝

辅养枝是着生于主枝上的临时性大枝，在梨树成形过程中起临时结果、辅养树体的作用。

9. 结果枝组和结果枝

枝组分为结果枝组和不结果枝组。结果枝组直接着生在各级骨干枝上，有两次以上分枝，形成大小不一的枝群，结果枝组上着生结果枝。结果枝分为短结果枝、中结果枝、长结果枝，是生长结果的基本单位。

10. 侧枝

侧枝相对于骨干枝而言，是在骨干枝上着生的枝。现代修剪技术中简化枝层级，把副主枝以下，甚至主枝以下简化成一个层级叫侧枝，相当于结果枝（或结果枝组）。树体就仅由主干和侧枝两级结构，或主干、主枝和侧枝三级结构组成。

 本章测试题

单项选择题（选择一个正确的答案，将相应的字母填入题内的括号中）

1. 梨树的花芽为（　　）。
　　A. 纯花芽　　　　B. 混合花芽　　　　C. 顶花芽　　　　D. 腋花芽
2. 梨树新梢由（　　）抽生而来。
　　A. 花芽　　　　B. 叶芽　　　　C. 花芽和叶芽　　　　D. 盲芽
3. 叶片的功能有（　　）。
　　A. 光合作用制造有机养分　　　　B. 呼吸作用吸收氧气排出二氧化碳
　　C. 蒸腾水分，调节温度，吸收养分　　　　D. 以上都是
4. 梨树根系能传导（　　）。
　　A. 无机养分　　　　B. 有机养分　　　　C. 水分　　　　D. 以上都是
5. 栽培品种梨一般有（　　）个心室。
　　A. 5　　　　B. 4　　　　C. 3　　　　D. 2
6. 栽培品种梨的种子数一般为（　　）。
　　A. 0个　　　　B. 1~5个　　　　C. 0~10个　　　　D. 10个以上
7. 不属于中国栽培梨的主要种类的是（　　）。
　　A. 西洋梨　　　　　　　　　　B. 砂梨
　　C. 杜梨　　　　　　　　　　D. 新疆梨
8. '鸭梨'属于（　　）系统。
　　A. 砂梨　　　　　　　　　　B. 白梨
　　C. 秋子梨　　　　　　　　　　D. 新疆梨
9. 下列品种中属于西洋梨的是（　　）。
　　A. '圆黄'梨　　　　　　　　　　B. '鸭梨'
　　C. '巴梨'　　　　　　　　　　D. '京白梨'
10. 目前上海地区种植的早熟梨主要品种是（　　）。
　　A. '翠冠'梨　　　　　　　　　　B. '清香'梨、'圆黄'梨
　　C. '黄花'梨、'丰水'梨　　　　　　　　　　D. 以上都是

 **本章测试题答案**

单项选择题

1. B   2. C   3. D   4. D   5. A   6. C   7. C   8. B   9. C   10. A

第 2 章

影响梨树栽培的条件

2.1　立地条件　/22

2.2　气候条件　/23

学习目标

◆ 了解气候因子对梨树生长发育的影响,选择、创造利于梨树生长、生产的条件。
◆ 掌握园地选择的基本要求,能够进行园地选择。

 **知识要求**

2.1 立地条件

2.1.1 地理位置

1. 地形地势

栽培梨树对地形的要求不严格,在山地、丘陵、平原、河滩都可栽培。

平原、河滩的土壤水分条件较好,管理较为方便,但在高温多雨的地区,往往雨水过多,地下水位过高,导致树势和果实品质受到影响,且真菌性病害容易蔓延。上海为水网平原地区,地势低洼,管理、建设果园主要考虑如何及时排水,一般采用深沟高畦栽培模式,强调沟系建设,要求围沟、腰沟、毛沟"三沟"配套,这对今后果园机械广泛应用会有一定影响。

建造在山地、丘陵的梨园,排水、光照及通风条件较好,树势易于控制,病害也可减少,易获得高产优质的果实,但水土容易流失,操作也相对不便。同时,随着海拔的升高,气温逐渐降低,在高寒山地栽培梨树,往往梨树在花期易受霜害。

2. 区位条件

梨树栽培的区位条件为:社会经济条件较好,投资环境良好;通信、交通便捷;电力、灌溉条件、劳动力资源能满足梨园生产需求;周边无污染源,对土、水、气进行检测预判,符合现在和将来食品安全生产销售法律法规的要求。

2.1.2 土壤

1. 土壤质地

梨树能适应各种土壤,在砂土、壤土和黏土中都可栽培。但由于梨树的生理耐旱性较弱,因此栽培在土层深厚、土质疏松肥沃、透水和保水性能较好的砂质壤土中最为适宜。

上海松江区、青浦区、金山区土壤比较黏重，栽培梨树时要注意排水，以提高透气性；崇明区、嘉定区、浦东新区土壤以砂土为主，应注意适时灌水，施肥要做到少量多次。

2. 土壤 pH 值

梨树对土壤酸碱度的适应范围较大，pH 值 5~8.5 的土壤均可栽培梨树。上海松江区、青浦区梨园土壤 pH 值略高于 7，呈中性；金山区梨园土壤 pH 值低于 7，呈酸性；而奉贤区梨园土壤 pH 值近 7.5，崇明区大多梨园土壤 pH 值在 8 左右，呈碱性。当土壤 pH 值超过 8.5，梨树生长会受影响，叶片黄化现象比较普遍，要注意多施有机肥。梨树耐盐碱能力较强，土壤含盐量不超过 0.2% 时，能正常生长。

2.2 气候条件

2.2.1 光热

1. 光照

梨树是喜光果树，光照不足往往导致其生长过旺，表现为徒长，内膛光秃，提早落叶，影响花芽分化和果实发育。若光照严重不足，梨树生长会逐渐衰弱，甚至死亡。相关测定表明，当光照度为 30 000~50 000 lx 时，光合作用强度较大，超过 100 000 lx 时，光合作用强度下降。

2. 温度

梨树是异花授粉果树，传粉需要昆虫作为媒介。蜜蜂一般在温度达到 8℃ 时开始活动，不同蜂种活动温度不同。梨花粉发芽要求温度在 10℃ 以上，18~25℃ 最为适宜。因此，如果花期天气晴朗，气温较高，则通常授粉受精良好，当年座果良好；如果花期连续阴雨、低温或温度变化过大，则会授粉受精不良，落花落果严重，严重影响产量。

温度还会影响梨的果实品质。例如，原产冷凉干燥地区的'鸭梨'引到高温多湿的上海地区栽培后，肉质变粗，在适栽区种植则产量高、品质优。作者在多年的考种中发现，高温使上海梨果实硬度增加，糖度提高，但肉质变粗，口感品质下降。

在高温区种植的当年生梨树芽休眠浅，容易开二次花。秋季高温干旱是南方地区"二次花"现象发生的主要原因。南方地区的某些早熟梨品种"二次花"现象似乎更突出。

此外，通过对温度的观察记录，可以预测虫害发生期、发生数量，以及扩散蔓延速度和趋势。

3. 低温需冷量

低温需冷量是指果树在自然休眠期内有效低温的累计时数，生产上通常用果树经历 0～7.2℃ 低温的累计时数计算。休眠期需冷量不足会导致果树芽不萌发、发芽延迟或开花不整齐。梨树的低温需冷量为 800～1 200 h，南部地区种植梨树应考虑这一因素。

2.2.2 水

1. 降水

梨树的生长发育需要充足的水分，如果水分供应不足，枝条生长和果实发育都会受到抑制。但雨量过多，湿度过大，带来的也并不都是益处。因为梨根系生长需要一定的氧气，土壤内空气含氧量低于 5% 时，根系生长不良；低于 2% 时，抑制根系生长；土壤空隙全部充满水时，根系进行无氧呼吸，会引起植株死亡。相对于桃树、葡萄，梨树具有较强的耐厌氧能力，1991 年 7 月，上海松江部分桃、梨、葡萄果园淹水 4～5 天，唯独梨树没有死亡。

2. 灌溉用水

梨园的灌溉用水应符合食品安全生产要求。

2.2.3 气

1. 大气

大气污染物应在梨树生产耐受限度以内。

2. 空气湿度

空气湿度大小对果实皮色影响较大，在多雨高湿气候条件下发育的果实，果皮气孔的角质层往往破裂，果面粗糙而多锈斑。同时，4—6 月新梢生长和幼果发育期间，雨水过多、湿度过高会导致病害严重。因此，南方栽培梨，在春、夏多雨季节，应开沟排水。秋雨过多也会引起病害发生，形成早期落叶。

3. 风

风对梨树栽培的影响很大，强大的风力不仅会影响昆虫传粉，刮落果实，而且会使梨的枝叶发生机械损伤，甚至倒伏。风还能显著促进梨树的蒸腾作用，使叶内水分减少，从而影响光合作用的正常进行。但若果园长期处于无风状态，空气不能对流，空气中的二氧化碳含量必然过高，使环境恶化，同化量便会下降，容易引发病虫害。因此，适于梨树生长的是 0.5～1 m/s 的风。建立防风林，可改善果园的小区气候，减少风害，增强同化作用。

2.2.4 不同种类梨对环境气候条件的要求

因梨的种类品种、原产地不同，其对温度、湿度要求差异很大。我国不同种类梨产区的气温、不同种类梨的耐湿性见表2-1、表2-2。

表2-1　　　　　　　　　　　我国不同种类梨产区的气温

种类	年均温（℃）	1月均温（℃）	7月均温（℃）	4—10月均温（℃）	11—3月均温（℃）	无霜期（天）	临界低温
秋子梨	4~12	-1~-15	22~26	14.7~18.9	-4.9~-13.3	150	-30℃（栽培品种）、-52℃（野生型）
白梨、西洋梨	7~15	-8~0	23~30	18.1~22.2	-2.0~-3.5	200	-23~-25℃、-20℃
砂梨	15~21.8	0~8	26~30	15.8~26.3	5~17	250~300	-20℃

表2-2　　　　　　　　　　　不同种类梨的耐湿性

种类	耐湿性	分布区雨量（mm）	备注
秋子梨	差	400~500	—
白梨	较差	400~860	—
砂梨	强	>1 000	—
西洋梨	差	400~500	在南方高温多湿地区栽培，生长不良，病害严重或徒长，不易结果

因此，在云贵山地栽培梨树，常因晚霜影响梨树生长，而在江浙一带也会因早春气温回暖后又骤然降温，出现冻花芽现象或冻花现象，早花品种更易发生。

技能要求

园 地 选 择

操作步骤

步骤一：选择交通方便、地势平坦、土壤有机质含量大于1%、土壤耕作层厚度大于50 cm、地下水位在地表以下至少0.8 m、pH值6~8、含盐量不超过0.12%的地块。

步骤二：确认园地周围1 000 m范围内无空气和水的污染源。

步骤三：确认园地符合《无公害农产品 种植业产地环境条件》(NY/T 5010—2016)要求。

 本章测试题

单项选择题（选择一个正确的答案，将相应的字母填入题内的括号中）

1. 需水量最多的是（　　）。
   A. 白梨　　　　B. 秋子梨　　　　C. 砂梨　　　　D. 西洋梨

2. 白梨生产区年均温为（　　）℃。
   A. 15~20　　　B. 25~30　　　　C. 7~15　　　　D. 0~10

3. 白梨生产区年均降雨量要求为（　　）。
   A. 200 mm以下　B. 1 000 mm左右　C. 400~800 mm　D. 2 000 mm左右

4. 下述梨中耐寒性最强的是（　　）。
   A. 秋子梨　　　B. 白梨　　　　　C. 砂梨　　　　D. 西洋梨

5. 秋子梨生产区年均温为（　　）℃。
   A. 15~20　　　B. 25~30　　　　C. -10~0　　　　D. 4~12

6. 下述可以耐-30℃的是（　　）。
   A. 秋子梨　　　B. 白梨　　　　　C. 砂梨　　　　D. 西洋梨

 本章测试题答案

单项选择题

1. C　　2. C　　3. C　　4. A　　5. D　　6. A

第 3 章

建　园

3.1　可行性方案　/28
3.2　定植和管理　/29

学习目标

◆ 了解果园建园的综合因素,掌握果园规划设计要点,能够进行常规梨园规划。
◆ 掌握定植要领,能够进行定植。

知识要求

3.1 可行性方案

结合前期的调研结果,初步形成可行性方案,做到规划有方,实施有据。

3.1.1 前期准备

1. 调研

需通过调研了解园地气候、立地条件等自然资源情况,了解社会经济政策、法规情况,了解基础设施条件情况,了解当地已有梨园建设、品种、管理、规模、投入产出情况,了解引进品种、技术特异性、相似度和可行性,做到心中有数。

2. 选址

选址要求是果园附近无污染源,水、土、气条件符合生产标准,地势较周边地区高,交通便捷,水电设施完善,经济条件较发达,有足够劳动力,具有一定的库房场地等生产辅助设施。

3. 设计规划

规划包括确定规模、管理方式,选择合适品种,确定投资预算、投资方案,明确投资回报。在此基础上完成设计,细化方案。近年上海梨园有所集中,但同其他地方相比规模还是比较小,家庭自主经营的梨园面积多为 $0.5\sim2\ hm^2$,合作社、企业管理的梨园以 $5\sim10\ hm^2$ 为多,而 $20\sim40\ hm^2$ 的梨园则较少。其中,家庭自主经营的梨园单位面积产值、效益大多比较高,$20\sim40\ hm^2$ 的梨园效益则较差。应依据各自特点选择合适规模,确保有良好的回报。上海地区梨树种植面积以 $6\sim10\ hm^2$ 为宜,品种应以早熟、优质梨为主(占80%以上)。梨树种植到产出一般需要3~4年,投资回报期较长。

3.1.2 梨园设施建设

1. 小区规划

以 10 000 m² 为一个小区。

2. 基础设施

园内应修建主干道、支路和操作道，形成网状道路。主干道宽 6~8 m，支路宽 4 m，操作道宽 6 m。道路的硬度应以方便生产操作为宜，应符合运输要求。规模偏小的梨园不必强求道道的种类齐全，满足梨园生产功能即可。未来省力化梨园通道不小于 4 m，充分考虑了机械通行和土地利用两个方面。

梨园内畦沟深 0.4 m，宽 0.4 m，中间高，两头低。地表水先汇进畦沟，之后按地势向低处排水进腰沟；腰沟深 0.6~0.8 m，宽 0.6~0.8 m，按地势向低处排水进围沟；围沟深 0.8~1 m，宽 0.8~1 m，通向外河或外围沟。腰沟和围沟可以采用水泥明沟。园内沟系必须贯通，有利于排灌和操作。

资金充足的果园应配齐电力系统，建设完备的喷滴灌系统，以便建园后的管理。

3. 辅助设施

梨园辅助设施有管控用房、存放农机器械的仓库、包装果品的场地、存放果品的冷库、泵房、水源（机井）等。

4. 生产设备

梨园生产设备有喷药机、割草机、枝条粉碎机、开沟机、运输车等。

5. 防护林

应按小区每间隔 100 m 设置一道 4 m 宽的防护林带，南北行向种植。防护林树种宜选择高大乔木和灌木，桧柏类树种不能作为防护林。

3.2 定植和管理

3.2.1 种植准备

1. 品种选择

应根据当地实际情况及市场前景来选择适合栽种的品种，北方注意避免倒春寒，南方注意避免台风的影响。在同一地块，应搭配2个以上品种，隔1~4行混种，且两个品种应花期相近，并能相互授粉，提高产量。

2. 整地、做畦

定植前先进行整地，按设计的株行距南北行向做畦，方便生产和操作管理，做畦时要充分捣碎土块并使畦面呈弓背形。

3. 确定种植密度及整形形式

可以采用先密后稀，计划密植的方式。

（1）传统计划密植梨园：株行距（2~4）m×4 m，主干形、开心形整形。

（2）棚架式梨园：株行距（4~6）m×（4~6）m；也可先计划密植（2~3）m×（4~6）m，待以后间伐，3~4主枝开心形整形；简化棚架模式，株行距（4~6）m×（3~4）m，双臂顺行式整形（见图3-1）。

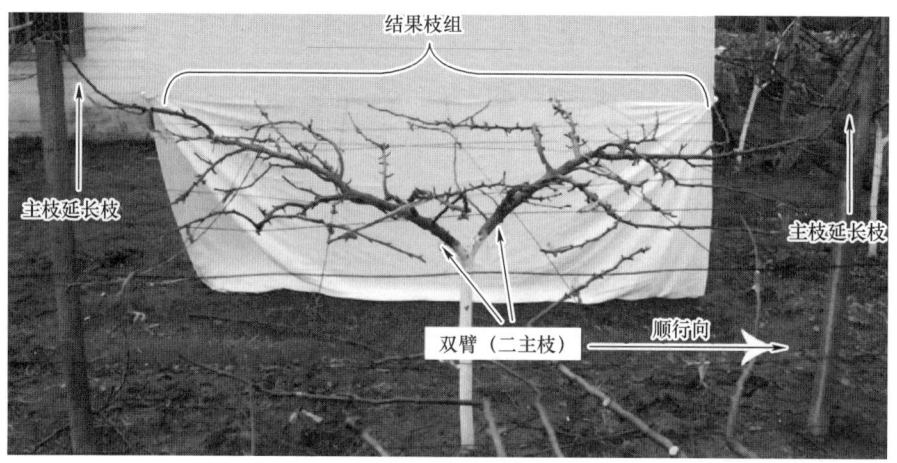

图3-1　双臂顺行式棚架整形

注：图片来源为湖北省农业科学院。

（3）保护地梨园：可根据棚的宽度进行定植，6 m大棚中间种1行，株距3.5 m；8 m大棚种2行，行距4 m，株距2~4 m。

（4）省力化梨园：株行距（1~1.5）m×（3~4）m，主干形整形。

4. 挖定植穴或定植沟

挖深0.6~0.7 m、宽0.8 m的定植穴或定植沟，挖时表土、心土分开。施腐熟有机肥45~75 t/hm²。将表土与腐熟有机肥拌均匀回填至定植穴或定植沟内。回填定植穴土方时，要求先填表土，再填心土，使土充分沉降，一般还要使定植穴或定植沟回填后平面位置高出畦面0.2 m左右，充分犁碎表土，等土壤干湿合适时就可以定植了。地势低、水位高的可以起垄栽培。

3.2.2 苗木定植

1. 确认定植时间

定植从落叶后即可开始，一直到萌芽前结束（12月中下旬到次年2月前较适宜）。根据工作日程安排定植时间，宜早不宜迟。

2. 选择优质苗木

（1）对苗木进行复查，剔除无效苗（病虫苗、弱苗、折断苗、接芽碰落的芽苗）。

（2）苗木需无检疫性病虫害。

（3）苗木高度应大于100 cm，侧根需5条以上，长20 cm。

3. 苗木定植前准备

（1）准备的苗木数量应比设计数量多5%~10%，多出的为预备苗。

（2）对根系适度整理。

（3）对未去绑的大苗进行解绑，即解去接口处塑料绑扎带，对根系适度整理。浸泡根系12 h。

4. 定植

在定植地中间挖小穴，把整理过的苗木垂直放入小穴内，使苗根在穴中间舒展，再把心土填回，将周边压实。根颈应略高于地面2~3 cm。

定植深度以土盖没根颈部的原有泥痕为准，不要过深，保证嫁接口能露出畦面，不被土埋没。

5. 定植后管理

梨苗定植后要浇足水，应扶正倒伏苗。之后要及时、定量浇水，一般若天气干旱则隔7~10天浇1次水，并及时松土培苗。

芽苗定植的在3月上旬进行剪砧解绑，萌芽后要及时抹去萌蘖（砧木上萌发的芽）。

幼树期主要应注意防病虫。

6. 大苗定植

大苗定植要及时定干，插竹竿支撑。定干高度见"7. 整形"。

7. 整形

（1）棚架式栽培。定干高度为120~150 cm，选留2~4个主枝（均匀分布于干周，开心形），主枝与树干的基角约为45°，将主枝顺势引缚上棚，水平方向绑于棚面铁丝上，主枝向四周均匀分布于棚面。

（2）开心形整形。定干高度为50~70 cm，配置三大主枝（均匀分布于干周），无中心领导干。主枝的基角为45°左右，腰角为50°。每一个主枝两侧各配置一个副主枝，第二副主枝在第一副主枝对侧,副主枝开张角度为 60°~70°。

(3) 主干形整形

1) 分层主干形(疏散分层形)整形。定干高度为 50~70 cm,一层配置三大主枝(均匀分布于干周)。主枝的基角为 45°左右,腰角为 50°。每一个主枝两侧各配置一个副主枝,第二副主枝在第一副主枝对侧,副主枝开张角度为 60°~70°。保留中心领导干,逐步培养更上层主枝,共有 2~3 层主枝加中心领导干。

2) 主干形(包括细长纺锤形、圆柱形、并棒形等)整形。直接在主干上培养侧枝,不分层。大苗定植不定干,促进主干生长,主干刻芽促进芽萌发,通过撑枝、拉枝等手段培养侧枝,着生侧枝 20~35 个。小苗低定干,当年培养主干,第二年再刻芽、撑枝培养侧枝。

 技能要求

常规梨园规划

操作步骤

步骤一:小区设置。以 10 000 m² 为一个小区。

步骤二:防护林设置。按小区每间隔 100 m 设置一道 4 m 宽的防护林带,南北行向种植,选择高大乔木和灌木,忌种桧柏类树种。

步骤三:道路设置。主干道宽 6~8 m,支路宽 4 m,操作道宽 6 m。道路的硬度应以方便果园生产操作为宜,应符合运输要求。

步骤四:沟系设置。畦沟深 0.4 m,宽 0.4 m,中间高,两头低,水排向腰沟,或按地势向低处排水;腰沟深 0.6~0.8 m,宽 0.6~0.8 m,按地势向低处排水进围沟;围沟深 0.8~1 m,宽 0.8~1 m,通向外河或外围沟。

步骤五:品种选择。选择 2~4 个主栽品种。规模较大的果园(5 hm² 以上),早熟梨、中熟梨品种比例可以超过 80%;规模偏小的果园(3 hm² 以下),以早熟梨、中熟梨品种为主。

定 植

操作步骤

步骤一:挖定植穴 1 个。规格为 0.8 m 见方,0.6 m 深。按要求分开摆放泥土(30 cm 为界的表土和心土)。

步骤二：施入有机肥，回填土。正确称 50 kg 有机肥、1 kg 磷肥；肥土混合均匀；回填程序正确。

步骤三：苗木处理，定植。对根系进行修剪整理；定植深度准确；根系分布均匀，与土充分接触；踩实；浇水。

步骤四：清理场地，将工具复位。

特别提示：安全操作，注意自身安全。

 本章测试题

单项选择题（选择一个正确的答案，将相应的字母填入题内的括号中）

1. 营造防护林的树种为（　　）。
   A. 灌木　　　　　B. 乔木　　　　　C. 乔木、灌木搭配　　　D. 以上都不是
2. 温暖地区，梨苗定植时间以（　　）为好。
   A. 4月　　　　　B. 5月　　　　　C. 12月至次年2月　　　D. 6月
3. 梨苗定植程序是（　　）。
   A. 对根系进行整理—苗木解绑—根系舒展排放于定植穴—将心土放入根系周围，踏实—浇水
   B. 浇水—对根系进行整理—苗木解绑—根系舒展排放于定植穴—将心土放入根系周围，踏实
   C. 根系舒展排放于定植穴—浇水—对根系进行整理—苗木解绑—将心土放入根系周围，踏实
   D. 根系舒展排放于定植穴—浇水—将心土放入根系周围，踏实—对根系进行整理—苗木解绑

 本章测试题答案

单项选择题
1. C　　2. C　　3. A

第4章

育　苗

4.1　梨苗繁殖　/36
4.2　组织培养　/40

学习目标

◆ 了解无性繁殖的原理,了解梨苗繁殖方法。掌握嫁接梨苗关键技术及梨树高接换头的技术,能够进行枝接、嵌芽接、高接。

◆ 了解梨苗圃地的环境要求。掌握苗床制作技术。

◆ 掌握种子层积技术和砧木苗繁殖技术,能够进行种子层积、种子条播。

◆ 了解梨树苗木存放技术,能够正确进行苗木存放。

◆ 了解组织培养的基本操作步骤和关键技术点。

◆ 了解无病毒苗特点、脱毒方法。

知识要求

4.1 梨苗繁殖

4.1.1 繁殖方法

苗木繁殖主要分为实生繁殖和营养繁殖(又称无性繁殖),营养繁殖主要有分蘖、压条、扦插、嫁接等方法。

4.1.2 实生苗

由种子播种繁殖的苗为实生苗,目前梨树实生苗主要有两种用途:一是用来繁殖砧木,二是用于选育新品种。

4.1.3 嫁接苗

生产上为保证品种一致性,采用营养繁殖培养梨苗,即利用营养器官(根、茎等)繁殖后代。营养繁殖不改变原有遗传物质,因而能够保持梨原有品种的优良性状,而且繁殖速度较快。生产上梨树都采用嫁接方法培养苗木。

嫁接的原理是植物受伤后,具有形成愈伤组织的能力,将两个切伤面形成层(位于树皮与木质部,也就是俗称的木材的交界处)紧紧贴在一起,由于细胞的增生,彼此会愈合形成一个整体组织。梨树的嫁接育苗技术,即将梨树优良品种的枝或芽接到梨树砧木的茎或根上，使两者的形成层紧贴，不久它们就会长成一体，成为一株新植物。

4.1.4 嫁接苗培育

良好的育苗地、精细的播种管理、娴熟的嫁接技术，是高效培育梨树苗木的必备条件。

1. 育苗地准备

（1）苗圃选择。应选择高亢、光照充足、疏松肥沃的土地，最好交通便利。在播种前要先行深耕，施足腐熟有机肥，开好排水沟，消毒和防治病虫，然后做畦整平备用。

（2）苗床准备。做畦后，施足基肥。畦宽60~80 cm，苗床宽度和长度分别为100 cm和15~20 m。条播的条间距为30~50 cm，每亩需种量为1 kg左右，床播需种量为5 kg，后进行补种或移栽。

2. 砧木培育

（1）砧木类型。砧木是指嫁接繁殖时承接接穗的植株部分。砧木可以是整株梨树，也可以是梨树根段或枝。砧木可以固着、支撑接穗，并与接穗愈合后形成植株。砧木是培育梨树嫁接苗的基础，必须有良好的嫁接亲合性，并容易繁殖。我国栽培的大多数梨品种亲缘关系很近，亲和性也很好。培育砧木苗一般通过播种和扦插获得。实生砧木苗通常有两个来源：一是直接到市场上去买当年生新苗；二是买种子培育实生苗。

梨砧木品种，一般北方以杜梨为主；南方地区多用杜梨、豆梨。西南地区也有用川梨作为砧木的。东方梨目前还没有好的营养系矮化砧木。将西洋梨作为砧木在高湿地不合适，易感腐烂病。西洋梨可以与温桲或山楂进行嫁接，温桲砧嫁接西洋梨具有矮化效果。

（2）种子采集与保存。晚秋季收集豆梨、杜梨果实，待果肉酥软后采集种子。种子需清洗干净，阴干备用。

（3）播种、栽植。种子干藏，防止蟑螂、老鼠为害，有条件的可以冷藏。12月下旬用清水浸泡种子，再用湿沙冷藏，2月下旬在苗床上播种。也可以于1月中上旬将种子存放在0~5℃冰箱或冰柜中湿藏，2月中下旬进行催芽播种，催生发芽的种子可以播种在穴盘或营养钵中，3月中下旬进行移栽，成苗率高。

豆梨种子每千克4万粒，每亩需种量0.75~1 kg，出苗可达2万株。

播种时间一般在2月下旬，播种方法为条播，条播行距为30~40 cm；为节省土地也可双行带状条播，窄行距20~25 cm，宽行距50 cm。播种后先盖少量心土（覆土厚度为种子直径的2倍），然后覆草，再用竹片、薄膜做小拱棚，应注意温度、水分的控制。幼苗长出2~3片真叶时，开始间苗，苗间距10~13 cm，疏除的小苗还可以移栽再利用。

(4)砧木幼苗管理。应注意草、肥水管理,以及病虫害防治,如地老虎、蝼蛄、蛴螬、蚜虫、猝倒病、锈病等。在苗高 50 cm 时进行摘心,使其增粗。芽接前捋去砧木幼苗基部 15 cm 的枝叶,以利于嫁接。

3. 接穗

接穗是嫁接时接在砧木上的枝或芽。接穗要从生长健康、结果正常的母本园母树采集。接穗应选择芽眼饱满、粗度合适的枝条。

接穗需低温(0~5℃)保湿保存。

4.1.5 嫁接技术

"木连理"是人们很早就发现的林中贴近枝条相互摩擦损伤后联结起来的自然嫁接现象。人工嫁接受到这种现象启发。中国关于嫁接的早期记载见于《氾胜之书》,北魏《齐民要术》对果树嫁接中砧木、接穗选择、嫁接时间、如何保证嫁接成活等都有描述。

16 世纪时,英国已有对不同枝接方法的记录,如劈接、舌接等。芽接技术在欧洲普遍得到应用是在 17 世纪以后,当时主要应用在桃、杏等果树繁殖中。

1. 枝接

枝接是从接穗上削取 1 个至几个芽,切成楔形,插入砧木上的纵切口中,并使一面或两面形成层相贴,给予绑扎,使之密接并愈合成活的嫁接技术。枝接方法包括靠接法、劈接法、切接法等。

(1)靠接法。靠接法是将砧木和接穗靠紧,分别切去靠近部分表皮,绑扎在一起。砧木、接穗都有根系,嫁接成功率高,但操作复杂,效率低。主要用于挽救根系衰退的大树、有中间砧的苗木培养。

(2)劈接法。劈接法是在砧木中间部垂直向下切削 20~25 mm 长的切口;用刀将接穗两侧削成 20 mm 长的楔形切面,把接穗双楔面对准砧木切口轻轻插入,使切面与切口贴合紧密;用农膜密封绑扎固定。

(3)切接法。切接法是在砧木比较平滑的一侧,用切接刀垂直下切 20~25 mm 长的切口,略带木质部。在接穗基部没有芽的一面起刀,削 25 mm 长的长斜面,稍带木质部较好,将另一面削成 10 mm 长的短斜面,接穗下端呈扁楔形,削口宽度同砧木切口宽度。将接穗与砧木贴紧,用农膜密封绑扎。

2. 芽接

芽接是从枝上削取一芽,略带或不带木质部,插入砧木上的切口中,并予以绑扎,使之密接愈合成活的嫁接技术。芽接方法包括"T"字芽接、"1"字芽接、嵌芽接。芽接苗剪砧应在接芽上 0.5~1 cm 处。

3. 高接

高接是采用枝接或芽接方法，在大树骨干枝、枝组的 1 年或多年生枝条上改接新品种，达到更新品种目的的一种嫁接技术。高接的嫁接方法同枝接和芽接方法。接穗、萌发后应注意固定支撑。

4. 嫁接时间

一般情况下，芽接适合在秋季、中秋前后进行（上海为 10 月中旬）。枝接适合在早春、晚秋初冬时期进行。嫁接过早，接芽当年萌发，冬季不能木质化，易受冻；嫁接过晚，砧木皮不易剥离。天气条件对嫁接有很大影响，晴天、温度适宜时嫁接效果好。

5. 苗木嫁接后的管理

（1）及时除萌。苗木嫁接之后，需及时将砧木上的萌芽全部摘除，减少营养消耗，促进新梢生长。

（2）及时补接。对于嫁接未成活的苗木，应及时补接，避免耽误生长。

（3）及时浇水。嫁接后应及时浇水，保证植物生长需要的水分，增加嫁接成活率。

（4）解除绑缚物。枝接的苗木在新梢长到 20~30 cm 长时解绑，以免影响接穗生长。

6. 苗木出圃

（1）苗木标准

1）行业标准。参照农业行业标准《梨苗木》(NY 475—2002)。

2）上海市地方标准《梨树栽培技术规范》(DB31/T 309—2015)

①品种优良、种性纯正并能适应当地环境条件。

②嫁接苗必须采用优良的砧木。

③无病虫害，特别是无检疫性病虫害。

④苗木健壮，主干粗，芽饱满，具有一定高度和分枝，根系发达。

（2）苗木贮运管理

1）起苗分级。落叶果树的苗木，宜在秋末冬初落叶后进行起苗。起苗时从苗床或垄的一端开始，用铁锹在距苗木根部 20 cm 处下锹，四周各一锹就可挖出。尽量少碰伤根和不碰伤苗干。应将根系中挖伤及劈裂的部分剪掉，按不同品种分好，根据苗木质量进行分级，并对苗木进行消毒。

秋天挖出或由外地运入的苗木，如果不进行秋季栽植需假植[①]。假植应在干燥平坦的地点进行。假植沟最好为南北向，沟宽 1 m，深 50 cm 左右，长根据苗木数量而定。假植

[①] 假植即暂时将苗木集中成排壅土栽植在无风害、冻害和积水的小块土地上，以免其失水枯萎，影响成活。它是苗木栽种或出圃前的一种临时性保护措施。

时，苗干向南成45°角倾斜，一层苗木一层土，培土厚度以只露出苗高的1/3~1/2为准（上海地区埋住根颈即可）。假植时，应详加标记，严防混杂，并注意水分管理。

2）存放运输。苗木在包装和运输之前必须经过检疫和消毒，检疫应严格按照植物检疫的有关规定进行，防止病虫害的传播。苗木消毒可采用100倍等量式波尔多液或3~5波美度石硫合剂浸苗10~20 min，还可以用氰酸气熏蒸1 h左右。

苗木经检疫和消毒后，要外运的应立即包装。包装时大苗根部可朝向一侧，小苗则可对根摆放，并在根部加湿锯末或浸湿的碎稻草以保持根部湿润，包裹之后用绳捆紧，把根部包严。每包株数根据苗木大小而定，一般为30~500株。包好后挂上标签，注明树种、品种、数量、等级。包装好的苗木即可发运，在途中应注意保证苗木的水分充足，以防苗木抽干。

3）苗木生产销售管理规范

①《中华人民共和国种子法》对品种选育，种子、种苗生产、经营和管理行为进行规范，保护合理利用种质资源，保护植物新品种权，维护种子生产经营、使用者合法权益。该法所称种子，包括梨树所有种植或繁殖材料，如芽、茎、种子、砧木等。

②《中华人民共和国进出境动植物检疫法》自1992年4月1日起施行，是为防止动物传染病、寄生虫病和植物危险性病、虫、杂草以及其他有害生物传入、传出国境，保护农、林、牧、渔业生产和人体健康，促进对外经济贸易的发展制定的法律。进出境的动植物、动植物产品和其他检疫物，装载动植物、动植物产品和其他检疫物的装载容器、包装物，以及来自动植物疫区的运输工具，依照该法规定实施检疫。

4.2 组织培养

组织培养主要用于繁殖无病毒苗木。无病毒苗木是指不含该植物主要的危害病毒，即经检测主要危害病毒在植物体内的存在表现为阴性反应的苗木。

繁育无病毒苗木要先获得无病毒原种母树，有效方法是应用脱病毒技术，主要方法有热处理脱毒、茎尖培养脱毒、茎尖培养与热处理相结合脱毒，然后利用无病毒母株进行繁殖。

4.2.1 热处理脱毒

热处理脱毒主要分为恒温处理和变温处理。

恒温处理适用于正在生长的新梢或芽，使新芽在25℃温度环境预热长出2~3片叶后，将其置于37~40℃温度环境处理4周，然后剪取处理期间长出的0.5~1 cm新梢顶端。该方法简便易行，但不能脱除所有病毒。

变温处理是将树苗在38℃温度环境处理2周后，再放入46℃暖气中（每天8 h，处理7周），最后放入50℃暖气中（每天2 h，共放3天）。该方法对设备条件要求比较简单，操作比较容易。

4.2.2　茎尖培养脱毒

茎尖培养脱毒就是采用茎尖分生组织离体培养的方法获取无病毒试管苗。其方法是在解剖镜下，用锋利的解剖刀迅速准确地剥离茎尖。因为茎尖分生组织基本不带病毒，利用植物茎尖分生组织进行离体培养，再结合病毒检测，就可以获得无病毒的植株。茎尖培养中最主要的影响因素就是切取茎尖的大小，一般要求茎尖长度小于1 mm。技术上通常切取茎尖越小，脱毒效果越好，但是切取茎尖越小，培养成活率越低。

现在一般将茎尖培养与热处理相结合，以提高脱毒苗获得效率。

4.2.3　茎尖培养与热处理相结合脱毒

早春待新梢长出3~5片新叶时，将盆栽苗放入热处理箱中，37℃恒温热处理30天。采集生长旺盛、长约2cm的梢尖，流水冲洗8 min，去掉幼小叶，用乙醇浸泡30 s，用蒸馏水冲洗后放入0.1%氯化汞中消毒10 min，接着再用无菌水冲洗3~5次，于解剖镜下迅速剥取1 mm茎尖进行分离培养。

 技能要求

苗 木 存 放

操作步骤

假植是最常用的保存苗木的方法，具体操作步骤如下。

步骤一：在秋季起苗后、冬季来临之前，选择一处土层较厚且没有砂石等杂质的土地，清除地面上的杂草。如果地面凹凸不平，要将地面铲平，挖坑或条状沟。

步骤二：将松散的黄土与黑土按1∶1的比例混合，倒入清水，和成稀泥浆。将成把的苗木根部放入泥浆中并搅动，使苗木根部全部蘸上泥浆，这就是苗木的"蘸浆"。

步骤三：挖一条比苗木根部稍深的小直沟，将蘸好浆的成把的苗木放入沟里，并盖上土，用脚踩实。

步骤四：依次埋苗踩实，最后假植成一排排的长条状，在上冻之前浇透水，并盖上草帘。等到春季化冻以后，把草帘撤掉，将苗木取出栽植。

种 子 层 积

操作步骤

步骤一：清选种子。挑除杂质、病虫害种子，淘洗干净备用。可以用0.1%甲基托布津溶液浸泡半小时，晾干。

步骤二：选地挖坑。选择高爽处、大小合适地块。用铲挖1 m×1 m×0.3 m大小的土坑备用。

步骤三：将种子和适量河沙拌匀，在坑底铺设一半窗纱，铺上10 cm左右的湿河沙，放入种子和河沙混匀物，上再覆盖湿河沙，再盖上另一半窗纱，压上沙土，做好标记。

特别提示：

1. 种子少时，可用湿沙或蛭石拌种子，用农膜包裹，放入0~5℃冰箱进行冷藏。存放时间为50~60天。

2. 春播的砧木种子需要层积处理。

种 子 条 播

操作步骤

播种按时间可分为秋播和春播。秋播在11上旬至12月下旬进行，春播则在2月下旬至3月下旬进行。

步骤一：做小畦，小畦宽1.2 m，播种方向与畦方向垂直。开播种条，播种条行距20~25 cm，深5 cm。

步骤二：播种，种子间距3 cm。覆土厚度以种子大小的1~2.5倍为宜，一般杜梨、豆梨、山梨等为1.5~2 cm。

步骤三：种子播种后，将稻草切成7~10 cm长段覆盖在种子上。

步骤四：自制用于保温的简易小拱棚。

切接法枝接

操作步骤

图 4-1 为切接法示意图。

图 4-1 切接法示意图

步骤一：正确选择砧木、接穗。选择时，应注意砧木、接穗粗细合适，接穗芽眼饱满，嫁接口高度正确。

步骤二：正确切削砧木、接穗。应做到接穗两个切面长度、切削方式正确，切面平滑；砧木开口大小、长度正确；切口平滑。

步骤三：正确地将砧木、接穗一侧形成层对准贴合，绑扎。应做到薄膜宽度合适，包扎紧密、严实。

特别提示：应注意安全操作和自身防护。

劈接法枝接

操作步骤

图 4-2 为劈接法示意图。

步骤一：将砧木截至一定的高度，削平断面，在中间切一垂直的切口。

步骤二：削取接穗时选带芽的一段，在芽下部相对两侧选较平一面削得稍长，长约

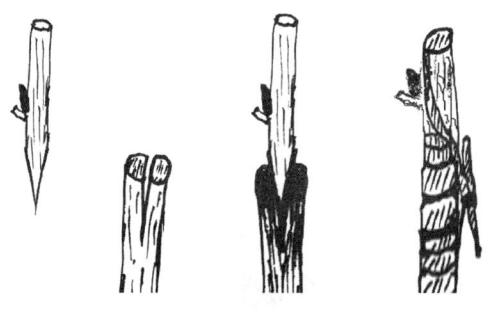

图4-2 劈接法示意图

2 cm，另一面削得较陡，长约0.5 cm，并应在距芽下部1 cm处下刀，避免伤害接芽。

步骤三：削好后，厚面向外，薄面向里，将接穗插入砧木切口，务必使接穗的形成层和砧木的形成层对准（一侧形成层对准即可），并注意不要把切面全部插入，应留出0.5 cm左右，称为"留白"，这样有利于伤口愈合。

步骤四：根据砧木粗细，可插2~4个接穗。将塑料薄膜剪成3~6 cm宽度的条带，对接口进行包扎，尤其是要包好砧木断面伤口，避免水分蒸发。

嵌 芽 接

操作步骤

图4-3为嵌芽接示意图。

图4-3 嵌芽接示意图

步骤一：正确选择砧木、接穗。应做到砧木、接穗粗细合适，接穗芽眼饱满，嫁接口高度正确。

步骤二：正确切削砧木、接穗。应做到接穗切面长度正确，切面平滑；砧木开口大小、长度正确，切口平滑。

步骤三：正确地将砧木、接穗贴合，绑扎。应做到薄膜宽度合适，包扎紧密、严实。

特别提示：应注意安全操作和自身防护。

高　　接

操作步骤

梨树大树高接如图 4-4 所示。

图 4-4　梨树大树高接

步骤一：正确选择砧木、接穗。应做到改接母树高度正确，选位正确，方向正确，接穗芽眼饱满。

步骤二：正确切削砧木、接穗。应做到砧木、接穗粗细合适，切面平滑。

步骤三：正确地将砧木、接穗贴合，绑扎。应做到薄膜宽度合适，包扎紧实。

特别提示：应注意安全操作和自身防护。

本章测试题

单项选择题（选择一个正确的答案，将相应的字母填入题内的括号中）

1. 栽培用的梨苗通常采用的繁殖方法是（　　　）。

A. 自根繁殖　　　B. 嫁接繁殖　　　C. 无性系砧木繁殖　　　D. 实生繁殖

2. 能保持梨品种特性稳定的繁殖方式是（　　）。

　　A. 杂交种子繁殖　B. 嫁接繁殖　　　C. 种子播种繁殖　　　D. 实生繁殖

3. 实生苗通常用于（　　）。

　　A. 品种选育　　　B. 培育砧木　　　C. 商业生产　　　　　D. A 和 B

4. 为保证苗木纯正，接穗应从（　　）选取。

　　A. 母本园　　　　B. 生产园　　　　C. 苗圃　　　　　　　D. 以上都是

5. 上海砧木苗移栽的合适时间为（　　）。

　　A. 1 月　　　　　B. 2 月　　　　　C. 3 月　　　　　　　D. 5 月

6. 梨树育苗中应用最广的嫁接方法是（　　）。

　　A. 芽接　　　　　B. 枝接　　　　　C. 芽接和枝接　　　　D. 以上都不是

7. 以下嫁接时间和方法正确的是（　　）。

　　A. 秋季芽接、春季枝接　　　　　　B. 秋季枝接、春季芽接

　　C. 秋季、春季都是枝接　　　　　　D. 春季、秋季都是芽接

本章测试题答案

单项选择题

1. B　　2. B　　3. D　　4. A　　5. C　　6. C　　7. A

第 5 章

梨树树体管理

5.1 梨树的生长发育 /48
5.2 花和果实管理 /51
5.3 草控制和土肥水管理 /56
5.4 整形修剪 /62

学习目标

- 了解梨树的生长发育规律。
- 了解梨疏花的原则，掌握梨疏花、授粉技术。
- 了解疏果的原则，掌握简单可行的疏果技术。
- 了解果实套袋的优缺点，果袋类型、大小及质量要求，掌握果实套袋技术。
- 掌握果园生草栽培特点，掌握人工生草与自然生草的管理技术。
- 了解不同品种需肥特性差异、肥料种类及有效成分，掌握追肥时期、方法和喷肥浓度。
- 了解梨树生产上几种高光效、丰产树形及整形修剪技术要点，能够确定适合本地果园的树形及修剪措施。
- 了解不同修剪方法对生长的促进或抑制作用，掌握冬季修剪的具体技术。

知识要求

5.1 梨树的生长发育

5.1.1 养分的合成、利用

1. 光合作用

绿色植物通过叶绿体吸收光能，把二氧化碳和水合成贮藏能量的有机物（主要是糖），并且放出氧气的过程叫作光合作用。它包含了两个方面：第一，把无机物变成复杂的有机物，并且放出氧气，这是光合作用的物质转化过程；第二，把光能转变为贮藏在有机物里的能量，这是光合作用的能量转化过程。

叶片是进行光合作用的主要器官，参与光合作用的主要细胞器是叶绿体。含有叶绿素的果实、新梢、花瓣等都有光合作用能力。

充足的光照、健康平衡的树体、足够的原料，能够促进光合作用及有机物的合成。

2. 呼吸作用

呼吸作用是指细胞内的有机物在一系列酶的作用下逐步氧化分解，同时释放能量的过程，是生物维持生命的必要过程。呼吸作用是所有活细胞的共同特征。细胞内的线粒体是进行呼吸作用的场所。

呼吸速率指在一定温度下，单位重量的活细胞（组织）在单位时间内吸收的 O_2（氧气）或释放的 CO_2（二氧化碳）量。呼吸速率的大小可反映某生物体代谢活动的强弱。

呼吸作用的生理意义见图 5-1。

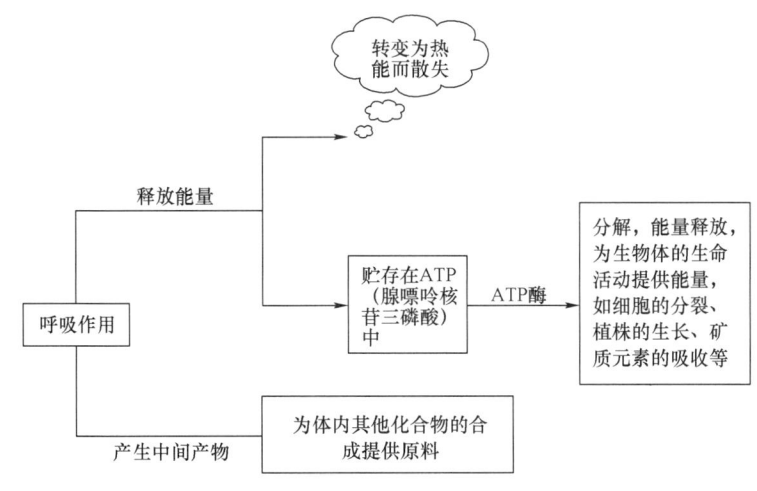

图 5-1　呼吸作用的生理意义

3. 运输和利用

植物体从环境中吸收的二氧化碳、水分和无机养料，以及光合作用合成的糖要输送到需要的部位才能被利用、贮藏。

（1）木质部运输。木质部主要由导管或管胞组成。它们都是由已经死亡的、失去原生质的细胞连接而成的运输管道，水分在其中通畅流动。水的流动方向是从水势高处向水势低处流动。白天随空气温度升高，叶片蒸腾失水，水势下降，有水土壤水势较高，水从土壤中经根系和茎向叶片流动，形成蒸腾流，其速度可达每小时几十米。一些矿物营养可以随水移动。木质部运输是蒸腾作用（物理势能）引发的被动运输。受空气温度、风速影响，晚间蒸腾作用弱，水分流动自然就慢。

（2）韧皮部运输。韧皮部是高等植物中用于输送叶片中合成的有机物（糖、蛋白质）的通道，运输某些矿质元素离子，也可以实现有机物从根系到茎的运输。韧皮部运输是主动运输。

（3）源、库及有机物流动速率。产生有机物的器官（或组织）是源，如进行光合作用的叶片；消耗有机物的器官（或组织）则是库，如新梢和新叶。有机物由源向库流动，其速率随源强度和库强度提高而增大。不同管理措施，如疏花、疏果、修剪、施肥、灌水等通过改变库源关系和强度，达到管理预期目标。植物生长调节剂的应用也改变库源关系和强度。

5.1.2 生长周期

1. 年周期

年周期指果树在一年中随气候变化而有节律地进行周期活动的过程，即每年周而复始的萌芽、开花、结实、落叶过程。需要根据树体不同季节的不同需求进行施肥、浇水、修剪、控产、防病等管理，不同栽培区域形成不同管理历。

2. 生命周期

由种子萌发长成的果树称为有性繁殖果树。有性繁殖果树的生命周期包含童期阶段、成年阶段和衰老阶段。

通过压条、扦插、嫁接、组织培养等手段，用果树的营养器官繁殖获得的果树称为无性繁殖果树。无性繁殖果树的生命周期包含幼树期、初果期、盛果期和衰老期。果树栽培在不同阶段会遇到不同问题，如幼树营养生长和不良环境的矛盾、初结果树由营养生长转化为生殖生长的矛盾、产量和品质的矛盾、衰老和生产的矛盾。栽培者在每个阶段需要解决不同的矛盾，才能获得好的收益。

5.1.3 积温与有效积温

1. 积温

一年内日平均气温（以下简称日均温）≥10℃持续期间日均温的总和，即活动温度总和，称为积温。

2. 有效积温

活动温度与生物学下限温度的差值称为有效温度。生育时期内有效温度的总和称为有效积温。有效积温与梨树花期、果实成熟期等物候期关系密切，因此常被用来进行梨树花期预测，以确定花期的工作安排。

5.1.4 营养生长和生殖生长

营养生长与生殖生长之间的矛盾贯穿于果树生长发育的全过程。营养生长是基础，生殖生长是目的，协调营养生长与生殖生长之间的矛盾是采取果树技术措施的主要目标。

营养生长和生殖生长相互影响，在整个发育期交错进行，栽培的任务就是调节营养生长和生殖生长的时期和强度，保证果树节奏有序地生长发育。

1. 树体营养生长

树木的根、茎、叶等营养器官的生长，称为树体的营养生长。营养器官具有吸收、合成和输导作用。

2. 树体生殖生长

树体生殖生长包括花、果实和种子的形成、发育和成熟。

（1）花芽分化期。这一时期，叶芽的生理组织和状态转化为花芽的生理组织和状态，是果树年周期中最重要的物候期。

（2）果实发育。梨树果实属于假果，由子房、花托或花被共同形成。梨树果实发育包括果实细胞分裂期、果实细胞膨大期及果实成熟期，果实发育流程见图5-2。

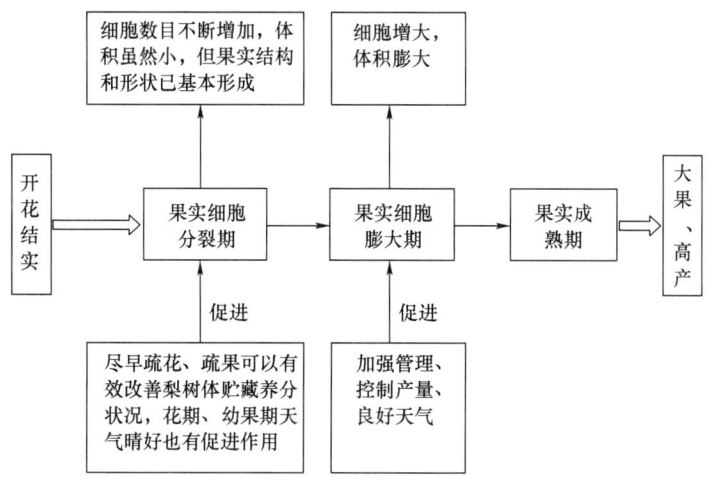

图 5-2　果实发育流程

（3）种子发育。胚囊受精完成后，种子开始发育，120天左右种子开始成熟，发生转色。大多数早熟梨采收时种子尚未发育到完全成熟，种子萌芽率较低。实际操作中为了收获成熟的种子，通常延迟果实采收，以使果实达到完熟，之后再冷藏2个月，提高种子萌芽率。

5.2　花和果实管理

5.2.1　花管理

1. 疏花

疏花分为疏花芽和疏花蕾。

(1) 疏花芽。疏花芽从花前复剪开始，以减少花芽量，在花芽萌动时，疏除过于密集的花芽，减少不必要的养分消耗。

(2) 疏花蕾。疏花蕾分为人工疏花和化学疏花。

1) 人工疏花。梨树疏花蕾比较费工费时，需提前安排与计划，花序分离时疏。

2) 化学疏花。化学疏花是通过喷洒化学试剂疏除花蕾。化学疏花技术还不是很稳定成熟，且是非定向技术，需审慎实施。

2. 授粉

(1) 人工授粉。梨属于异品种授粉才能结实的树种，建园时需配置授粉品种。由于花粉主要通过蜂虫传授，当花期遇大风、干热风沙、多日阴雨、低温霜冻等不良天气时，蜜蜂等昆虫的活动受到影响，或柱头黏液上粘满沙土，或柱头干枯，或花器冻死，都会使授粉不良，座果率降低，或造成"花而不实"的局面。遇到这些情况时，需采取人工授粉。

梨树的花粉细胞是2—3月才开始形成的，如果上一年梨园管理差、营养贮藏差，导致当年梨花粉发育不良或败育，那么即使栽有授粉品种，也会出现自然授粉座果不多的现象。因此，控制产量、规范管理是保持梨园稳产的基础。

(2) 花粉的采集。采集花粉时，花多的树多采，花少的树少采；弱树多采，旺树少采；树冠外围多采，中部和内膛少采；花多的枝多采，花少的枝少采。梨树先开边花，采集花粉时应采中心花留边花。当然，要根据被授粉品种的不同需求采集合适品种的花粉用于授粉。采集花粉的方法见表5-1。

表5-1　　　　　　　　　　采集花粉的方法

采集方法	准备物品	操作要领	注意事项
人工取粉	纸	用外力摩擦使花药脱落，清除花瓣和花丝，将花药薄薄地摊在纸上，置于25~30℃的室内烤干	一般1~2昼夜花药即开裂，可以使用
取粉机取粉	脱药机、纸、筛子	用脱药机脱药后，先筛出花瓣、花梗等杂物，然后将花药薄薄地摊在光滑的白纸上，置于25~30℃的室内烤干	用手指一蘸全是黄粉则表示花粉大量散出，可使用

除了采用以上方法采集花粉外，还可以直接购买花粉。

(3) 采、授粉时期。在初花期，即气球状花苞时采花取花药；盛花初期，25%的花已开放，此时人工点授粉，授粉花序中第3至第4位的花，争取在1~3天内完成授粉工作，尽早完成为好。

(4) 授粉方法。授粉方法见表5-2。

表 5-2　　　　　　　　　　　授粉方法

授粉方法	准备物品	操作要领	注意事项
蜜蜂传粉	蜂	每 10 亩地放 1 箱蜂	适于授粉树占所有梨树的 20% 以上、配置均匀的梨园
人工点授	授粉器（纸棒、橡皮头、毛笔等）	开花时用自制的授粉器（纸棒、橡皮头、毛笔等）蘸取花粉进行授粉，授粉时把蘸有花粉的授粉器在花的柱头上一碰即可	优先选粗壮的短果枝花授粉
液体喷粉	水、花粉、糖、硼砂和尿素	配制花粉悬浮液（5 kg 水、10 g 花粉、250～500 g 糖、15 g 硼砂和 15 g 尿素），混合后喷布	随配随用，视天气等因素喷 2～3 次
花粉袋授粉	滑石粉、细箩、双层纱布袋、竹竿	将采集的花粉加入约其 2～4 倍量的滑石粉，过细箩 3～4 次，使滑石粉与花粉混匀，装入双层纱布袋内，将花粉袋绑在竹竿上，在树上振动撒粉	—
挂罐插枝及振花枝授粉	装水的瓶罐、竹竿	剪取花枝，花期将花枝插入装水的瓶罐中，分挂在被授粉树上，并上下左右变换位置，借风和蜜蜂传播授粉。也可为了经济利用花枝，挂罐之前把花粉绑在竹竿上，在树冠上振打，使花粉飞散，振打后可插瓶挂树再用	在授粉树较少或授粉树当年花少的年份，可采用此办法
快速鸡毛点授法	鸡的软绒毛、竹竿、8 号铁丝、瓶罐	将鸡的软绒毛绑成绒球。在 1～2 m 长的竹竿前用 8 号铁丝绑上绒球，一手拿装花粉的瓶罐，另一手拿绑有绒球的竹竿，绒球每蘸 1 次粉可点授 50 个花序	每个花序只点 1～2 个边花即可
鸡毛掸子滚授法	鸡毛、白酒或酒精、木棍	用白酒或酒精洗去鸡毛上的油脂，晾干后绑在木棍上，然后在授粉树行花多处反复滚动使之沾上花粉，再移至要授粉的主栽品种树上，上下内外滚授	在 1～3 天内对每树滚授 2 次，效果较佳
高接授粉枝	嫁接刀、塑料绑带等	在每株梨树顶部高接授粉树品种的 1 个枝，待开花授粉结束剪除授粉树花枝大部，留下 1～2 个枝再生长形成花芽，周而复始实现授粉枝只授粉不生产的目的	—
授粉枪授粉	授粉枪	用授粉枪滚动授粉或喷粉	现用现装

5.2.2　果实管理

1. 座果、落果

座果，通俗地说就是植株授粉，胚珠受精后子房开始膨大、稳定发育的过程。某些情况下没有授粉、受精子房也可膨大，进而发育，如一些葡萄品种。用外源赤霉素、细胞分裂素、生长素处理子房也能座果。没有授粉受精的梨花用赤霉素、氯吡脲等处理能座果，梨果没有种子。落果，即幼果发育到一定程度，因内在或外在条件不适，停止生长发育从母体脱落。落果的主要原因是授粉、受精不良；营养竞争，营养不良；成熟前天气不良，遇灾害天气；管理不良。梨树自然落果主要发生在花后2周，也有采收前发生的。

2. 疏果

首先，可通过疏花来疏果。花芽多的年份，通过短截、回缩，减少花量，促进长枝的生长，形成足够的营养面积，以提高果实质量。其次，花后疏去过多的果实，确保合适的叶果比，保证果实品质优秀，维持健壮树势，促进当年花芽的发育。

（1）疏果时间和方法。疏果应在幼果细胞分裂期结束前进行。上海地区在5月上旬前完成。疏除病果、虫果、畸形果、无叶果、小果。一般保留3或4位序的果。

（2）留果标准。在疏花芽、疏花的基础上，1个果台留1个果（见图5-3），叶果比保持在（25~35）∶1。棚架式栽培的梨每平方米留10~12个果。留多少果可参考以下三条标准：一是果个大小应达到该品种的商品果规格，品质达标；二是能形成足够的健壮花芽；三是树势健壮。应预留10%~15%的损失产量。

图5-3 疏果

3. 套袋

套袋可以提高梨果外观品质。套袋影响果实外观色泽，套内侧黑色的单层袋、内层黑色的双层袋的绿皮梨果，因黑色阻挡光线的进入，影响叶绿素的合成，果实外观皮色会呈现黄色、白色，褐皮梨果会呈现浅黄褐色；套其他黄色或白色的透光性较好纸袋（透明纸袋、白色单层纸袋、内白外黄蜡纸袋、内黄外黄蜡纸袋）不影响叶绿素的合成，果实外观皮色与实际皮色一致。套袋也会影响果实糖度，改变果实风味。

套袋使梨树果实在袋内生长，免受病、虫、风、雹、雨和强光的侵扰。

套袋相关事宜的操作要领及套袋前后注意事项见表5-3。

表 5-3　　　　　　　　　　套袋相关事宜操作要领及注意事项

套袋相关事宜	操作要领	注意事项
果袋运输和保管	果袋在运输中要防日晒雨淋，在低温干燥条件下存放。用前稍增加果袋湿度以提高其韧性。用过的废袋下年不可再用，因药蜡已经失效	—
套袋前工作	喷杀虫杀菌混合药 1~2 次，重点喷果面，杀死果面上的菌、虫。药主要针对梨黑星病、梨轮纹病、梨木虱等。喷药后 10 天还没完成套袋的，余下部分应补喷 1 次药再套袋	按负载量要求认真疏果，留果量可比应套袋果多些，以便套袋时还有选择余地
套袋顺序及要求	套袋顺序为先树上后树下，反之易碰落。套袋时要上、下、左、右、内、外均匀布开。就一个园子或一棵树而言，要套就全园、全树都套，否则就全不套，便于管理 应严格选果，剔除病虫弱果、枝叶磨伤果、次果。每花序只套 1 果，1 果 1 袋，不可 1 袋双果	—
套袋操作方法	先把手伸进袋中使全袋膨胀；然后一手抓住果柄，一手托袋底，把幼果套入袋中，再将袋口从两边向中部果柄处挤；当全部袋口折叠到果柄处后，将袋口铁丝卡反转 90°，弯绕扎紧在果柄或就近果枝上，如图 5-4 所示。套后用手往上托打一下袋底中部，使全袋膨胀起来、两底角的出水气孔张开。幼果悬空在袋中，不与袋壁贴附，可防止被药水、菌虫分泌物污染长锈生霉	不要扎得过分用力，以防卡伤幼果影响其生长 操作后应及时洗手
套袋时间	如果是二次套袋，套小袋时间应在花后 4 周内（4 月中下旬）完成，套大袋时间同一次套袋时间一致，在 5 月中旬完成	—
影响套袋效果的因素	套袋效果受气候条件（早期低温和风害、果实膨大期多雨）、品种特性、栽培环境和栽培技术（氮肥过多、湿度过大、乳油农药影响）、套袋技术本身（纸袋质量、套袋时间的早晚和套袋方法）影响	采收时连同果袋一并摘下放入筐中，待装箱时再除袋分级，既可防止碰伤，保持果面净洁，又可减少失水

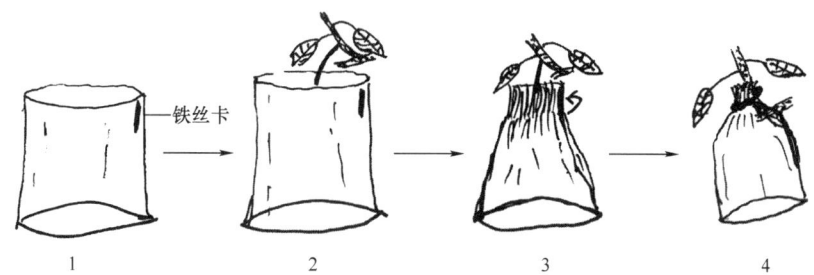

图 5-4　梨果套袋方法
1—袋子膨起　2—套住幼果　3—折叠袋口，缠绕铁丝卡
4—扎牢在果柄或附近枝上

4. 果实生长、产量

细胞的数目和大小是决定果实最终体积和重量的两个最重要因素。果实细胞数主要在花期、幼果期确定,因此主要受前一年管理情况和树体贮藏养分影响,当年养分分配也会影响幼果细胞数。当然,当年疏花、疏果、营养供应、树体生长等状况密切影响果皮、果实大小、风味等内、外品质。果实发育直接影响果实品质,果实品质由果实外观品质(果形、大小、整齐度、色泽等)和内在品质(风味、质地、香气及营养)构成。

土壤、肥和水分供给、气候(一方面直接影响树体生长,另一方面影响病虫害发生情况,间接影响树体生长)及栽培管理与梨树产量、果实发育密切相关。

5.3 草控制和土肥水管理

5.3.1 草控制

1. 中耕除草

清除杂草对幼树园比较重要。幼树园中尽量不使用除草剂,清耕栽培梨园通过中耕(见图5-5)可以疏松表土层,改善土壤通气性,调节水分。

图5-5 中耕除草

2. 生草栽培

生草栽培(见图5-6)具有保持水土、提高土壤有机质含量、改善土壤结构和微环境的作用。梨园可以选择黄花苜蓿、紫云英、鼠茅草、白花三叶草、苏丹草或黑麦草作为草种,也可以通过有选择地除去恶性杂草,进行自然生草。生草园要按时刈割,定期深翻并施有机肥,逐年轮换更新。

各种不同土壤管理模式目的不一，效果也不同。成龄果园建议采用冬、春季种草，夏、秋季自然生草的土壤管理模式。幼树园可以在树盘覆盖园艺地布，采用行间生草模式，以节省用工，增加土壤营养。

图 5-6　生草栽培

3. 行间间作

行间间作（见图 5-7）是指在主要作物的间隙种植可以快速成长的间作作物，将这些作物用作绿肥，也可以种植矮秆、短期生长的经济作物，提高早期产出。应注意间作作物的品种选择，不宜选高秆或藤蔓作物，可选大豆、麦子等。

梨园间作需加强间作作物的肥水管理，使间作作物与梨树保持合适的距离，用作绿肥的间作作物需按时翻入土中。

图 5-7　行间间作

5.3.2　土肥水管理

1. 土壤理化性状

成土母质经过长时间发育才形成土壤。土壤理化性状受成土母质影响，也受发育环境条件、耕作模式影响。土壤理化性状影响梨树对水分、矿质元素的吸收和利用。

(1) 成土母质与土壤矿质元素。梨树需要的矿质元素都直接来源于土壤，如大量元素 N（氮）、P（磷）、K（钾），中量元素 Ca（钙）、Mg（镁）、S（硫）等，微量元素 Zn（锌）、B（硼）等。

(2) 渗透压。渗透压，简单地说，是指溶液中溶质微粒对水的吸引力。溶液渗透压的大小取决于单位体积溶液中溶质微粒的数目，溶液中溶质微粒越多，对水的吸引力越大，溶液渗透压越高。渗透压影响梨树根系对水分的吸收和利用。

(3) 田间持水量。田间持水量是土壤所能稳定保持的最高土壤含水量，也是土壤中所能保持悬着水的最大量，是对作物有效的最高的土壤含水量，常用来作为灌溉上限和作为计算灌水定额的指标。田间持水量可以测定，但重现性较差。

(4) 土壤通气性。土颗粒与有机质（如腐殖质）结合形成团粒结构，土壤团粒间有空隙存在。不同类型土壤吸附能力不同，空隙状况不一样，含水量不同，通气性也就不一样。相同成土母质在不同条件下发育，土壤容重也会不同，有机质含量高的、团粒结构发育良好的土壤比较疏松，通气性也好。土壤通气性影响梨树根系生长。

(5) pH 值和含盐量。不同类型土壤 pH 值不同，pH 值、含盐量会影响梨树生长和对矿质元素的吸收能力。

2. 有机肥和深翻改土

(1) 梨树需肥特性。梨树所施的氮肥、磷肥、钾肥比例为 1 :（0.5 ~ 0.7）:（0.8 ~ 1.2），全年氮肥用量每 1 000 m² 为 15 kg。9 月份到次年 4 月份称为梨树施肥前期，施肥要以前期为主，磷肥结合有机肥一次施入，氮肥、钾肥原则上少量多次追施，地力越差的梨园每次施肥量应越少，增加施肥次数，大树每次施肥量小于 150 g/株。要求土壤氮肥水平能平稳发挥，以生产出外观漂亮的果子。氮肥在 2 月份第一次使用较好，50% ~ 70% 的钾肥在枝梢与果实发育期使用。果实成熟前（7 月下旬至 8 月初），氮肥要停用，采收后施采果肥。

(2) 土壤改良。有机肥可以改良土壤，使土壤耕作层深厚、土质疏松、有机质含量高，形成丰产梨园必要的土壤肥力条件。通过人为、科学地输入适量的梨树生长、生产所需的养分，可以达到梨园小生态系统输入与产出的动态平衡。过量使用化肥不但会导致肥料流失多，利用率低，而且会破坏生态系统平衡。为保证梨园持久发展，不能滥用化肥。结合秋季施有机肥深翻改土，对新建梨园尤其重要。

(3) 施有机肥

1) 施肥时间。深施基肥（有机肥）的工作，上海一般在 9 月下旬到 10 月中旬进行。秋季为根系次生长高峰，秋季施基肥符合梨树的需肥规律。并且肥料交跨两年（前一年秋季和次年春季），其肥效能在养分最紧张的 4—5 月（营养临界期）得到最好的发挥。如果春季施基肥，则肥料需要经过2~3个月后才能见效，春季肥料还没有发挥作用，且往往造成秋梢徒长，成花少而且不充实，容易受冻害。

2) 施肥前准备。幼龄树施基肥穴（沟）应正好挖在定植穴或上年施基肥穴（沟）的外围，不要形成不翻的夹层。施肥穴（沟）深度为0.4~0.5 m，宽度为0.5 m。成龄树改为以树干为中心，离开主干1.0~1.5 m处开沟施有机肥，位置逐年轮换，以达到改良土壤、更新局部根系、维持树势的目的。密植园3~5年内全园完成改良。对地下水位高、排水不良、透气不好的地块要进行冬季深翻（11月份进行），深翻深度在0.25 m左右，深翻时要少伤根系。

施肥最好与深翻改土相结合，有机肥以深施为好，施肥深度为40~50 cm，施肥的位置和形式要经常变换，如环状、全行长沟状、树盘内点穴状、树下撒施后刨盘翻入等交替使用。为节省人工，也有面施翻耕同深施有机肥隔年交替进行的。

3) 施肥量。有机肥是梨树最基本的肥料来源，每年腐熟有机肥使用量一般在每1 000 m² 3~4 t。全年需要的有机肥和磷肥一次性施入。对于大龄树可适量加些氮肥，以助采收后的树力恢复。一般此次用氮量占全部用氮量的50%（含有机肥和速效氮肥）。

4) 施肥注意事项

①基肥施入后应灌水，否则肥效不能正常发挥。

②对于夏季因病虫害、旱害早期落叶严重的树，不能采用上述基肥施用方法，必须要少施肥，或者采取少量多次的施用方法。应注意不能以为树越弱越需要多施肥，以防秋芽二次生长，不但不能补充养料，反倒消耗树的营养。对于这种情况应采取叶面喷施的施肥方法，见效最快，可用0.5%~1%的尿素、磷酸二氢钾及微量元素肥料喷施。

3. 追肥

追肥，周年可以施用。应根据不同的栽培方式与地力水平安排施肥时间、次数与数量。不同树龄梨树的追肥细则见表5-4。

表5-4　　　　　　　　　　　　　梨树追肥细则

树龄	施肥时间	肥料用量	备注
幼龄树	5月中旬后	新定植树，每株施25 g尿素，半个月一次，结合中耕浇水进行；2~3年生幼树1个月一次，每株施50 g尿素，一直施用到8月底	有条件的可以用腐熟液态有机肥
	7—8月	加施少量钾肥	—
成龄树	萌芽前（2月中下旬至3月初）	第一次追肥，以氮肥为主。此期氮肥占全部追肥的40%，每1 000 m²施10 kg尿素或15 kg复合肥，追肥的同时应配合灌水	促进根、芽生长及叶、花展开，从而提高座果率

续表

树龄	施肥时间	肥料用量	备注
成龄树	花芽分化前（5月下旬）	第二次追肥，以三元素复合肥或多元素复合肥为好（初结果树这两次追肥即可）。此期氮肥占全部追肥的40%，每1 000 m² 施尿素10 kg；钾肥占全部追肥的40%，每1 000 m² 施硫酸钾10 kg	—
	果实膨大期（7—8月）	第三次追肥，以三元素复合肥或多元素复合肥为好。该阶段主要施钾肥，配以磷肥、氮肥。此期氮肥占全部追肥的20%，每1 000 m² 施尿素5 kg；钾肥占全部追肥的60%，每1 000 m² 施硫酸钾15 kg	促进果实增大，提高果实品质

（1）追肥部位。要按树冠覆盖面大小来确定追肥部位，追肥不要过于集中施用，以免在干旱缺水的情况下造成肥害烧根。此外，要尽量多开沟，沟深15 cm即可，并且应施均拌匀，使肥料与更多的根群接触，便于被吸收。有条件的地方随水灌施最好。

（2）追肥方法。砂性土壤的梨园，追肥必须少量多次，切忌一次大量追施，造成肥料流失和浪费。对于密植园，追施肥料要增加每亩施用量，减少单株用量，但也必须少量多次，最好的方法是行内撒施，然后翻埋。对于间作绿肥和秸秆覆盖的梨园，要适当增加氮肥用量，以解决草与树争肥的矛盾和覆盖物利用问题。

4. 叶面喷肥

叶面喷肥又叫根外追肥。在生产中，5—6月喷"亮叶肥"效果极佳；9—10月喷较高浓度（本书中提到的农药等的浓度均指溶液中溶质的质量百分比）的氮肥，能促进秋叶的光合作用，增加养分积累；喷磷肥、钾肥对提高品质效果良好。对于有缺素症的梨树，应根据其缺少的微量元素进行针对性的喷肥。采用叶面喷肥的优点是速效、节省、实用。

叶面喷肥要领见表5-5。注意叶面喷肥浓度不能过高，否则会出现肥害，可以先试再用。

表5-5　　　　　　　　　　叶面喷肥要领

肥料	喷肥浓度	喷肥时期及要点	喷肥时间及部位	备注
尿素	0.2%~0.3%	从春季到秋季都可喷用，春季喷调配的浓度低些，晚秋喷调配的浓度高些	天晴、无风时早、晚喷，以防止中午喷因高温引起药害。喷肥部位以叶背面为好，应改掉只喷叶上表面的习惯，一定要把叶片背面喷匀、喷到。还要特别注意对幼叶的喷施	为延长肥效，喷肥时可加入展着剂。要在叶片背面喷肥是由于叶片背面较上表面气孔多，且叶片背面表皮下具有较松散的海绵组织，细胞间隙大而多，有利于肥料渗透和被吸收。另外，由于幼叶生理机能旺盛，气孔所占面积较老叶大，因此较老叶吸收快
磷酸二氢钾	0.3%~0.5%	生理落果后至采收都可喷，1年2~3次，与喷药结合		

续表

肥料	喷肥浓度	喷肥时期及要点	喷肥时间及部位	备注
硼砂	0.5%； 0.1%~0.3%； 0.25%~0.5%	萌芽前喷0.5%、盛花期喷0.25%~0.5%硼砂溶液，可以加同浓度的石灰，提高座果率；落花后20天喷，可以防止缺硼引起的果实凹凸不平、果肉变褐、木栓化	天晴、无风时早、晚喷，以防止中午喷因高温引起药害。喷肥部位以叶背面为好，应改掉只喷叶片上表面的习惯，一定要把叶片背面喷匀、喷到。还要特别注意对幼叶的喷施	为延长肥效，喷肥时可加入展着剂 要在叶片背面喷肥是由于叶片背面较上表面气孔多，且叶片背面表皮下具有较松散的海绵组织，细胞间隙大而多，有利于肥料渗透和被吸收。另外，由于幼叶生理机能旺盛，气孔所占面积较老叶大，因此较老叶吸收快
硫酸锌	0.2%~0.4%	5—6月喷防止缺锌引起的小叶病		
硫酸亚铁	0.3%~0.5%	在初发现黄叶时喷，防止缺铁症		

除上述要点外，在施肥时要考虑天气、树力、地力因素，做到科学合理地施肥。

砂梨的施肥管理，要形成以施腐熟有机肥为主、化肥为辅的制度。有机栽培梨园不能使用化肥作为追肥，可以将腐熟的有机质液态肥（如符合绿色食品卫生要求的大型有机牧场处理发酵的液态肥料）用作速效追肥。

5. 水分管理

水分是树体生长、果实发育的必要条件。水分不足会造成旱害，过量则造成湿害，湿害还会造成树体吸收水分障碍而出现旱害。平原水网地区要注意建立、完善排水系统和设施，主要是建园时做好排水沟系配套，每年清理、修复沟系，做到雨后沟内不积水。此外，要处理好雨季和伏旱交替时的树体适应过程。

一般投产树，南方地区生长期5个晴天灌一次水，遇阴天则延长相应的天数，灌水量以使田间持水量保持在60%~80%为好，每次灌水量不是越多越好，20~30 mm即可。灌水方式为沟灌加浇灌，有条件的可以采用滴灌，一方面可以节约用水，减少水土流失，提高肥效，利于环境保护，另一方面可以减少对土壤结构的破坏，减少对根系的不良影响，便于管理，利于树体的生长。灌水宜在傍晚进行，持续时间因灌溉方式而异，应确保能渗透到根系周围。

5.4 整形修剪

5.4.1 树形

1. 树冠结构

树冠由主干、主枝、侧枝或结果枝、新梢等构成。

2. 传统树形

传统梨树树形有疏散分层形、开心形、三主枝棚架形等，各树形的定干高度见表5-6。

表5-6　　　　　　　　定干高度

树形	栽培架式	定干高度（m）
三主枝棚架形	平棚架	1.2~1.6
疏散分层形、开心形	—	0.5~0.7

培养树形的目的是培养合理的骨架，迅速扩大树冠，便于操作管理；配置稳定的结果枝组，扶弱抑强均衡树势，扩控树冠保持有效结果部位；使树体丰满，利于通风透光，减少病虫害发生，达到丰产、稳产、生产优质果品的目标。

（1）疏散分层形。主干高0.5~0.7 m，树高控制在3 m左右，冠幅3~3.5 m。疏散分层形树体结构如图5-8所示。第一层3个主枝，层内距0.3 m，第二层2个主枝，层内距0.2 m，第一层与第二层相距0.8 m，中心领导干保留第三层1个主枝或不保留第三层主枝。主枝上留1~2个副主枝，密植园没有副主枝，直接在主枝上培养结果枝组。

高密度栽植的梨园中应分永久树与间伐树，永久树前期以培养树形为主，间伐树则应少剪，以提高前期产量，尽早得到效益。

（2）开心形。主干高0.5~0.7 m，树高控制在2 m左右，冠幅3~4 m。第一层3~6个主枝，层内距0.3 m，直接在主枝上培养侧枝，培养大中小结果枝组，如图5-9所示。

开心形树形修剪方法如图5-10所示。栽植第一年，定干高度0.5~0.7 m，第一年可以形成1~3个枝条，冬季修剪时对顶端第一强枝进行短截（留0.2 m），对其余直立枝进行拉枝；第二年继续培养主枝，选留主枝，秋季拉枝，冬季对主枝延长枝进行短截（留0.6~0.8 m），对强枝进行拉枝，对弱主枝进行绑扶支撑；第三年至第四年选留主枝两侧的侧枝，夏季对萌蘖枝、徒长枝进行处理；之后多采用拉枝培养结果枝，每隔3~4年更

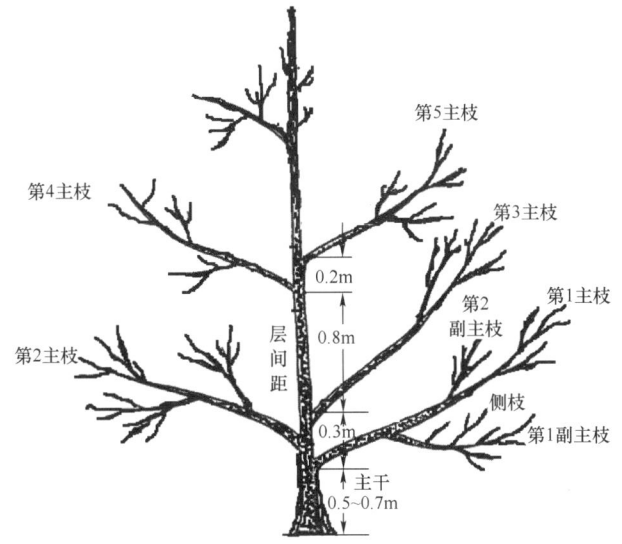

图 5-8 疏散分层形树体结构

图 5-9 开心形树体结构

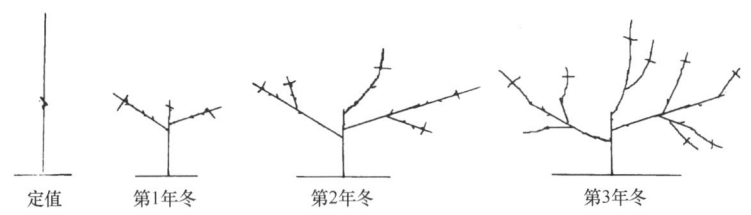

图 5-10 开心形树形修剪示意图

新侧枝、结果枝组;第六年后,逐年减少主枝数量,只留 3~4 个主枝,培养侧枝,丰满树体结构,稳定产量。

有的开心形树形是由疏散分层形树形落头改造而成的。

(3) 三主枝棚架形。需要搭建棚架,株距 5 m 左右。栽植第 1 年冬季进行大苗定植(苗高 1.5~1.8 m),定干高度 1.2~1.6 m,发芽前剥去剪口芽,栽植后当年用支柱绑缚主干,次年新梢长出后选留 3 个主枝,相邻主枝夹角 120°,当 3 个主枝长到 0.3 m 左右时,注意开张基角到 45°左右,便于更快上架;第 2 年冬季向外继续挪动长长的枝条来抬高延长头;第 3 年也是如此,如图 5-11 所示。

上架后结果枝枝群直接着生在主枝上,成形快(见图 5-12)。即在主枝上配置单轴延伸的结果枝,同侧结果枝距离为 0.4 m,夏季对徒长枝进行处理,以后多采用拉枝培养结果枝。如果是腋花芽结果的品种(如'早生新水'梨),那么单轴延伸的结果枝为一年生的腋花芽枝,结果后最多再保留 1 年。如果是以短果枝结果为主的品种(如'翠冠'梨),则单轴延伸的结果枝可以连续结果 5 年左右。

目前也有二主枝棚架改良形树形,其定植密度大,成形快。

棚架栽培的作用主要是抗风、提高品质。

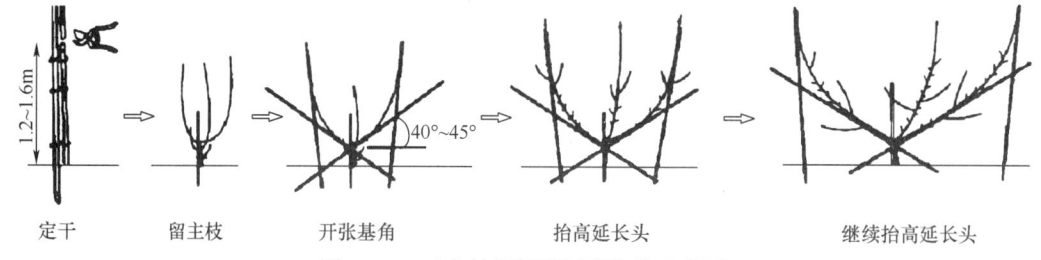

图 5-11 三主枝棚架形树形培养示意图

3. 省力栽培树形

(1) 单主干细长纺锤形树形。该树形是一种主干、主枝合一,培养中型侧枝为主要结果单元的紧凑树形。其结果枝组直接着生在主枝上,结构简单,成形快。树形培养时利用南方水网地区地下水位高的条件控制树高,通过夏季修剪保持侧枝紧凑结构。目前,单主干树形是世界省力化栽培主流树形。

栽植时,按定植密度的要求,沿立柱方向整齐栽植,植株用竹竿固定在架子铁丝上。栽植第一年,离地 0.4 m 定干,培养主干,可以保留 1~2 个侧枝,通过扭梢、拿枝、拉枝控制侧枝生

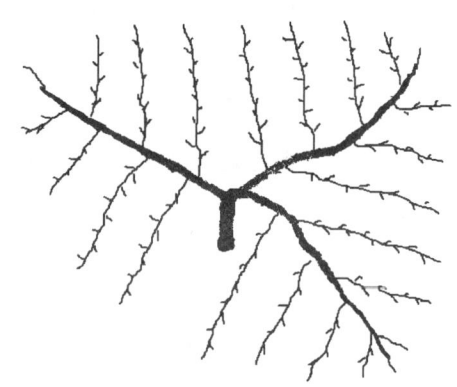

图 5-12 三主枝棚架形树形示意图

长,促进主干强壮生长;冬季不剪或轻剪,保留树干高度 1.5~2 m。第二年 3 月中上旬萌

芽期刻芽，在芽眼上方 0.5 cm 处用细齿钢锯条沿外周刻 1/2 周，深度达木质部，从离地 0.6 m 处开始刻，顶端 5~8 芽（约 0.3 m）可以不刻；生长季培养顶端的中心领导干，对竞争枝进行连续摘心处理，抑制其生长，对侧枝进行撑枝、扭梢、拿枝、拉枝，培养合适角度和长势，抑强扶弱，促进花芽形成；冬季继续保持轻剪或基本不剪。第三年春季，继续培养树形，控制上部竞争枝长势，保持主干优势，抹除不需要的萌蘖，通过扭梢、拉枝、撑枝调控侧枝生长；果实发育期（5 月下旬 6 月上旬）对徒长枝、竞争枝进行处理；冬季保持 3.5 m 树高。单主干细长纺锤形树形的培养如图 5-13 所示。第三年达到投产目标，翠冠梨亩产量可以达到 1 250~1 500 kg。

秋季进行大苗带土移栽，可以提早进入投产期。

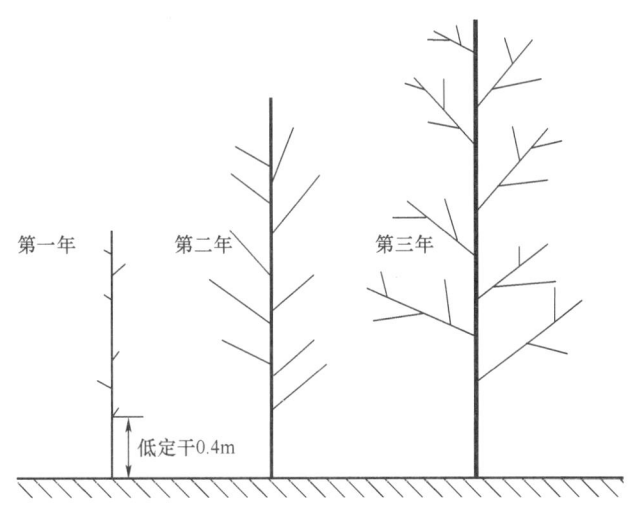

图 5-13　单主干细长纺锤形树形培养示意图

（2）两主干"音叉"形树形。该树形是 2 个主干（枝）成 1 个平面，方向与行向平行，主干上培养侧枝，利用侧枝结果的一种树形。该树形的优点是用苗少，缺点是需要较多用于固定的竹竿。

栽植时，按定植密度要求，沿架子方向整齐栽植。定植后离地 0.3~0.4 m 定干，用竹竿固定植株，留 2 主枝，将主枝沿 45°方向弯曲绑，用 2 个竹竿固定在架子铁丝上，固定到合适位置后，使其直立向上生长。第一年冬季轻剪。第二年春季，同主干形一样进行操作，树高控制在 3.2 m。主枝基部可以保留 1~2 个中型侧枝。两主干"音叉"形树形培养过程如图 5-14 所示。第三年可以投产，对苗木、土壤条件、定植等可以适当放宽要求，投产稍晚些。

该树形也可采用砧木定植后嫁接种植方式培养，年前定植好砧木，砧木规格为直径 10 mm 以上，2 月底 3 月初根据密度要求进行双芽枝接，随时绑缚，培养。

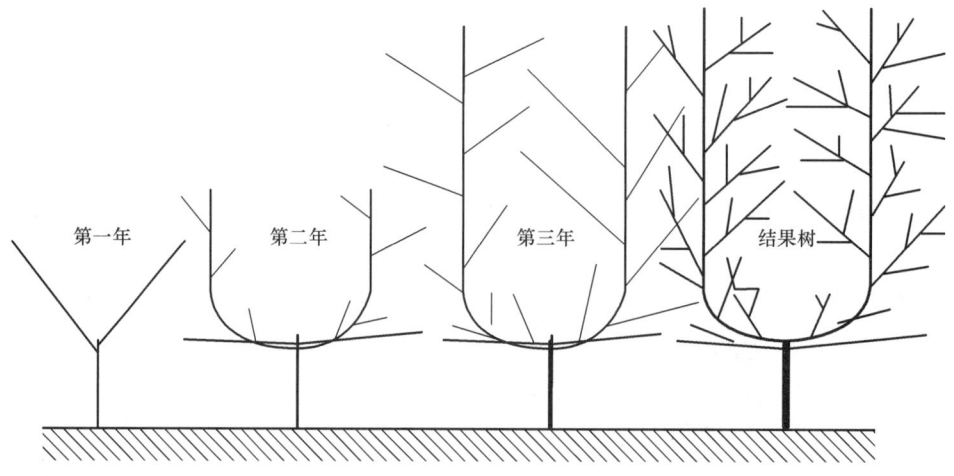

图 5-14 两主干"音叉"形树形培养示意图

4. 上海常用树形

上海地区采用的树形传统上以疏散分层形为主，目前多数是开心形。

5.4.2 修剪

1. 时间

上海地区修剪分冬季、夏季二个时期，冬季修剪（休眠期修剪）在 12 月下旬至翌年 2 月下旬进行。夏季修剪又称生长季修剪，从春季萌芽开始直到秋季，包括除萌蘖、疏花芽、抹芽、抹梢、摘心等，如图 5-15、图 5-16 所示。

图 5-15 抹芽及抹梢

图 5-16　内膛强枝连续摘心

2. 修剪方法及作用

（1）刻芽。萌芽期对一年生直立粗壮枝进行刻芽。刻芽时，在芽眼上 0.5cm 处刻半周，促进分枝，如图 5-17 所示。

（2）拉枝。拉枝是梨树整形修剪中的一项重要的技术措施，用于缓和树势，增加光照，促进成花，如图 5-18 所示。拉枝一般在夏季修剪中进行，6 月下旬即可开始。对当年生枝拉开 45°~60°角，勿拉平，避免生长季背上枝大量徒长。对部分 2~3 年生枝条也可以进行拉枝。拉枝时要注意避免遭受风害。拉枝也可在冬季和秋季进行。冬季拉枝促进枝条萌发，6 月下旬至 7 月上旬拉枝促进花芽形成，秋季拉枝促进树形养成。

图 5-17　刻芽

图 5-18　拉枝

（3）撑枝。上海地区从 5 月中旬开始，要用竹签将一年生枝条与主干间撑出一个夹角，缓和侧枝长势，如图 5-19 所示。

（4）扭梢。扭梢在梨树枝条半木质化时进行，上海地区 5 月中下旬即可开始。扭梢是对一定长度的直立生长的旺枝进行扭折，缓和其长势，如图 5-20 所示。对 2 年生枝条或太老的枝条可以在基部竖割一刀后扭。

图 5-19　撑枝

图 5-20　扭梢

（5）短截。根据长枝短截程度，可以分为轻短截、中短截、重短截和极重短截，如图 5-21 所示。在长枝的夏梢中部以上处短截为轻短截，在夏梢的中部以下至春梢中部以上处短截为中短截，在春梢中部以下处短截为重短截，在春梢基部秋芽处短截为极重短截。

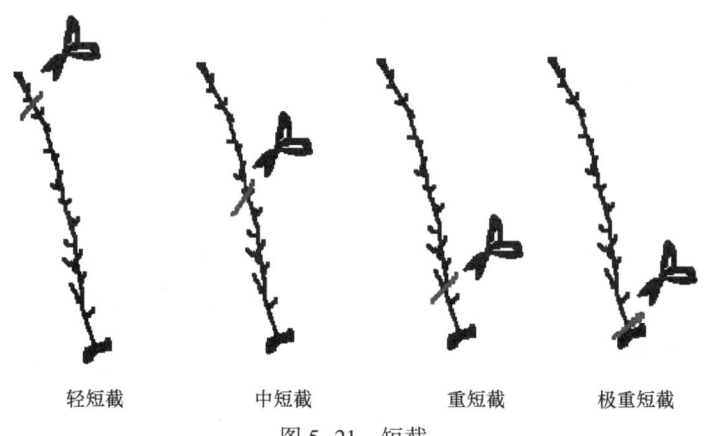
　　轻短截　　　　中短截　　　　重短截　　　极重短截
图 5-21　短截

短截是梨树修剪中常用的修剪方法，短截程度不同，效果不同。短截可提高成枝力和促发新枝；可对上部旺长枝条进行极重短截来改变上强下弱的树势；短截时选留不同方向的剪口芽，可有效地改变枝条的开张角度和延伸方向；短截部分果枝，也能够减少大年的花芽数量和提高花芽质量。

（6）长放。长放也叫甩放，即不进行修剪，保留枝条顶芽，让顶芽发枝。长放枝如图 5-22 所示。适当地进行长放，有利于缓和树势，促进花芽分化。

(7) 疏枝。疏枝是对过密枝条从基部剪除,不留生长点,如图 5-23 所示。疏枝能减少局部枝条数量,改善通风透光情况。

(8) 回缩。回缩也称缩剪,是指剪掉 2 年生以上枝条的一部分,如图 5-24 所示。回缩能起到更新复壮作用或者抑制生长作用。

图 5-22 长放枝

图 5-23 疏枝

图 5-24 回缩

技能要求

条沟式施基肥

操作步骤

步骤一:正确确定施肥沟的位置;假设上年施肥在树的东面,则南北向挖沟;对 1 棵树进行单面施肥,条沟距离树干 0.5 m,规格为长 0.8 m,宽 0.4 m,深 0.4 m;按要求摆放泥土。

步骤二:正确称取 500 g 过磷酸钙和 25~50 kg 基肥,将过磷酸钙拌入基肥。

步骤三:将肥料和土均匀混合,并按顺序回填。

步骤四:清理场地,将工具归位。

特别提示:需注意自身安全。

开心形树形修剪

完成 1 株树的开心形树形修剪。

操作步骤

步骤一:完成小树整形。对小树进行整形,固定主干和主枝,方向合适。

步骤二：骨干枝处理。对主枝、副主枝辨识清楚，1年生枝条剪留长度合适，注意剪口芽留向。

步骤三：侧枝处理（结果枝/组）。正确确定侧枝方向、角度，处理徒长枝、旺枝，选留更新枝，疏除多余花芽。

步骤四：清理现场，将工具归位。

特别提示：

1. 应注意正确的修剪顺序，剪口平滑，剪口留桩合适，正确使用剪刀和锯子，双手配合协调。

2. 应注意安全操作和自身防护。

疏散分层形树形修剪

完成1株树的疏散分层形树形修剪。

操作步骤

不同年份疏散分层形树形修剪方法如图5-25所示。

步骤一：按照疏散分层形树形要求完成小树整形，进行拉枝定型处理。

步骤二：骨干枝处理。对中心领导干、主枝、副主枝辨识清楚，1年生枝条剪留长度合适，剪口芽留向正确。

步骤三：侧枝处理（结果枝/组）。正确确定侧枝方向、角度，正确处理徒长枝、旺枝，正确选留更新枝，疏除过多的花芽。

步骤四：清理现场，将工具归位。

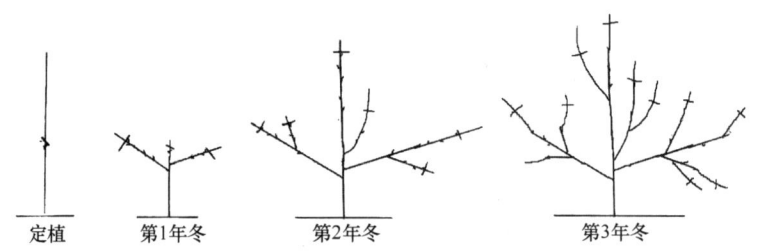

图5-25 疏散分层形树形修剪示意图

特别提示：

1. 应注意正确的修剪顺序，剪口平滑，剪口留桩合适，正确使用剪刀和锯子，双手配合协调。

2. 应注意安全操作和自身防护。

平棚架开心形树形修剪

完成 1 株 5~6 年生树或 1 个 7~10 年生大树主枝的修剪。

操作步骤

步骤一：骨干枝处理。对主枝、副主枝辨识清楚；1 年生枝条剪留长度合适，骨干枝剪口芽留向正确，拉枝、绑枝角度合适。

步骤二：侧枝处理（结果枝/组）。正确确定侧枝方向、角度，正确处理徒长枝、旺枝，正确选留更新枝，疏除多余花芽。

步骤三：清理现场，将工具归位。

特别提示：

1. 应注意正确的修剪顺序，剪口平滑，剪口留桩合适，正确使用剪刀和锯子，双手配合协调。

2. 应注意安全操作和自身防护。

细长纺锤形树形修剪

完成 5 株树的细长纺锤形树形修剪。

操作步骤

步骤一：按照细长纺锤形树形要求完成小树整形，进行刻芽、定型处理。

步骤二：骨干枝处理。对主枝、侧枝辨识清楚，侧枝选留正确。

步骤三：侧枝处理（结果枝/组）。正确确定侧枝方向、角度，正确处理徒长枝、旺枝，正确选留更新枝，疏除过多的花芽。

步骤四：清理现场，将工具归位。

特别提示：

1. 应注意正确的修剪顺序，剪口平滑，剪口留桩合适，正确使用剪刀和锯子，双手配合协调。

2. 应注意安全操作和自身防护。

Y 形树形修剪

完成 1 株树的 Y 形树形修剪。

操作步骤

步骤一：对小树进行整形，固定主干和主枝，方向合适。

步骤二：骨干枝处理。对主枝、副主枝辨识清楚，1年生枝条剪留长度合适，注意剪口芽留向。

步骤三：侧枝处理（结果枝/组）。正确确定侧枝方向、角度，处理徒长枝、旺枝，选留更新枝，疏除多余花芽。

步骤四：清理现场，将工具归位。

特别提示：

1. 应注意正确的修剪顺序，剪口平滑，剪口留桩合适，正确使用剪刀和锯子，双手配合协调。

2. 应注意安全操作和自身防护。

本章测试题

单项选择题（选择一个正确的答案，将相应的字母填入题内的括号中）

1. 梨树秋季大量开花使产量（　　）。

    A. 增加   B. 减少

    C. 可能增加也可能减少   D. 不变

2. 果实发育从（　　）开始。

    A. 萌芽   B. 落花后   C. 幼果   D. 开花前

3. 光合作用在（　　）中进行。

    A. 线粒体   B. 叶绿体   C. 核糖体   D. 液泡

4. 呼吸作用在（　　）中进行。

    A. 线粒体   B. 叶绿体   C. 核糖体   D. 液泡

5. 疏花疏果包括（　　）。

    A. 疏花芽   B. 疏花蕾   C. 疏果   D. 以上都是

6. 梨绝大多数品种（　　）授粉结实。

    A. 自花   B. 异花

    C. 自花和异花   D. 不确定自花或异花

7. 6、7月份拉枝的主要作用是（　　）。

A. 限制扩大树冠　　B. 促进成花　　C. 提高座果率　　D. 利于营养生长

8. 长放的作用是（　　）。

A. 缩小树冠　　　B. 促进成花　　C. 提高座果率　　D. 利于营养生长

本章测试题答案

单项选择题

1. B　　2. B　　3. B　　4. A　　5. D　　6. B　　7. B　　8. B

第 6 章

病虫害的发生和防治

6.1　病害种类、发生条件和防治　　/76
6.2　虫害种类、发生条件和防治　　/88
6.3　冬季病虫害防治　　　　　　　/105
6.4　综合防治技术　　　　　　　　/106

学习目标

◆ 掌握梨园发生的主要病虫害的症状、发生规律，掌握最佳防治时期。
◆ 掌握梨园病虫害的物理和农艺防治方法。
◆ 掌握病虫害化学防治原则、方法，了解梨园常用的农药种类、剂型、特性、杀虫防病范围和药效安全期。
◆ 了解生物防治原理与重要性，掌握适合本地梨园的生物防治技术。
◆ 了解梨园天敌的种类和生活习性，学会创造适合的生态环境，保护和利用天敌。
◆ 能够进行刮树皮及树体保护。
◆ 能够按要求配制波尔多液、液体农药、固体农药并喷药。

 **知识要求**

6.1 病害种类、发生条件和防治

6.1.1 真菌性病害

1. 梨黑星病

梨黑星病又称疮痂病、雾病，是梨树主要病害之一。梨黑星病病叶如图 6-1 所示。

图 6-1 梨黑星病病叶

（1）症状。梨黑星病危害果实、果梗、叶片、叶柄、新梢等梨树所有绿色幼嫩组织，其中以叶片和果实受害最为常见。幼叶容易感染该病。感染后，多数先在叶背面的主脉和支脉之间出现黑绿色至黑色霉状物，不久后在霉状物对应的叶片正面部位出现淡黄色病斑，严重时叶片枯黄，早期脱落。叶脉和叶柄上的病斑多为长条形、中部凹陷的黑色霉斑。

梨树果实从幼果期至成熟期均可受害，发病初期产生淡黄色圆形斑点，逐渐扩大，病部稍凹陷，长出黑霉，后病斑木栓化，变坚硬，凹陷并龟裂。刚落花的小幼果受害，多数在果柄或果面形成黑色或墨绿色的近圆形霉斑，这类病果几乎全部早落。稍大幼果受害，因病部生长受阻碍，变成畸形。果实成熟期前受害，则果面生出大小不等的圆形黑色病斑，病斑硬化，表面木栓化，开裂，呈"荞麦皮"状，果实不畸形。近成熟期果实受害，果面形成淡黄绿色病斑，稍凹陷，有时病斑上产生稀疏的霉层。果梗受害，则果梗上出现黑色椭圆形的凹斑，上长黑霉。病果或带菌果实冷藏后，病斑扩展较慢，病斑上常见浓密的银灰色霉层。

（2）发病规律。一般进入多雨季节梨黑星病会大量发病，春秋两季是高发季。春季前期雨水较多时叶片、幼果发病，会引起早期落叶、落果。秋季发病容易造成秋季早期落叶。不同品种抗病能力不同，'鸭梨'容易发梨黑星病。

（3）防治方法

1）清除病源。清理病枝、病叶、病花、病果以减少越冬菌源。发病初期（开花前后）摘除病芽、病叶、病果，集中深埋或烧毁病源以减少再浸染。

2）喷药防治。病害流行年份落花后即应开始喷药预防，春秋雨季到来前再喷1次。雨季中仍应在晴天喷药，每年喷5~7次。不流行年份雨季到来前喷1次，降雨期再喷1~2次即可。药效好的药剂有波尔多液（1∶2∶180）、10%世高4 000~6 000倍液、40%福星8 000倍液、80%代森锰锌可湿性粉剂800倍液、40%腈菌唑可湿性粉剂1 500倍液、250 g/L戊唑醇水乳剂2 000倍液等。

2. 梨轮纹病

梨轮纹病又称粗皮病，为害中国各梨产区，尤对日本砂梨品种群为害严重，此病还为害苹果、海棠等果树。梨轮纹病在南方梨产区普遍发生，为害比较严重，可造成烂果和枝干枯死。

（1）症状。该病主要为害果实和枝干（见图6-2），也为害叶片。

1）枝干发病。枝干上以皮孔为中心产生褐色突起的小斑点，后逐渐扩大成为近圆形的暗褐色病斑。初期病斑隆起呈瘤状，后周缘逐渐下陷成为一个凹陷的圆圈。第二年，病斑上产生许多黑色小颗粒，即病菌的分生孢子器。之后，病部与健部交界处产生裂缝，周围逐渐翘起，有时病斑可脱落，连年扩展，形成不规则的轮纹。

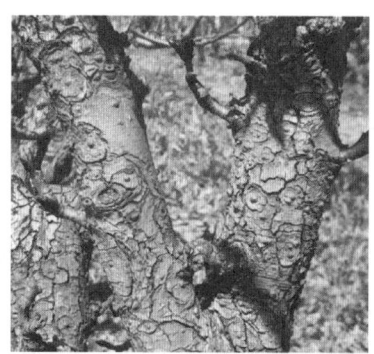 

图 6-2　梨轮纹病病枝和病果

2）果实发病。果实上以皮孔为中心出现水渍状浅褐色至红褐色圆形坏死斑，有时有明显的红褐色至黑褐色同心轮纹。病部组织软腐，但不凹陷，病斑迅速扩大，随后在中部皮层下产生黑褐色菌丝团，并逐渐产生散乱凸起的小黑粒，使病部呈灰黑色。

3）叶片发病。叶片上发病较少见，病斑近圆形或不规则形，有时有轮纹。初为褐色，渐变为灰白色，也产生小黑粒。梨轮纹病严重的病叶常常干枯早落。

（2）发病规律。此病的发生、流行与气候关系很大，一般温暖多雨的气候下发病严重。发病和品种、树势关系密切，树势弱、果实成熟后容易发病，'早生新水'梨、'菊水'梨易发生该病。

（3）防治方法

1）清除病源。梨轮纹病的初浸染源主要是枝干上的病组织，冬季和早春萌芽前，应剪除病枝，精细刮除病皮，而后喷 5 波美度石硫合剂。

2）加强果园管理。增强树势，增施磷肥、钾肥，控制氮肥，提高梨树抗病能力。

3）药剂防治。在梨树萌芽前、生长期和采收前用药，刮除枝干老树皮和病斑再喷药则效果更好。常用药剂有 50%甲基托布津可湿性粉剂 500 倍液、80%敌菌丹可湿性粉剂 1 000 倍液、1∶2∶240 波尔多液。喷药次数要根据历年病情、药剂的残效期长短及降水情况而定。喷药时应注意有机杀菌剂与波尔多液交替使用，以延缓抗药性，提升防治效果。

4）套袋防病。疏果后先喷 1 次有机杀菌剂，而后将果实套袋，可以基本控制梨轮纹病。

3. 梨炭疽病

梨炭疽病也称苦腐病，易引起果实腐烂和早落。

（1）症状。梨炭疽病主要为害果实，也能为害叶片、枝条，如图 6-3 所示。

1）果实发病。果实多在生长中、后期发病。发病初期，果面出现淡褐色水渍状的小

图 6-3　梨炭疽病病果、病叶和病枝

圆斑,之后病斑逐渐扩大,色泽加深,并且软腐下陷。病斑表面颜色深浅交错,有明显的同心轮纹。病斑处表皮下形成无数小颗粒,略隆起,初为褐色,后变为黑色。随着病斑的逐渐扩大,病部烂入果肉直到果心,使果肉变褐,有苦味。

2) 枝叶发病。梨炭疽病病菌能在枝条上腐生生活,多腐生于枯枝或病虫为害、生长衰弱的枝条上,起初形成圆形深褐色小斑,之后发展成椭圆形或长条形病斑,病斑中部干缩凹陷,病部皮层与木质部逐渐枯死而呈深褐色。梨炭疽病为害叶片时叶背出现黑色小点。

(2) 发病规律。病害的发生和流行与雨水有密切关系,4—5 月多阴雨的年份浸染早,6—7 月阴雨连绵的年份发病重。地势低洼、土壤黏重、排水不良的果园发病重。

(3) 防治方法

1) 清除病源。冬季结合修剪,把病菌的越冬场所如干枯枝、病虫为害破伤枝、僵果等剪除并烧毁。

2) 加强栽培管理。多施有机肥,改良土壤,增强树势,雨季及时排水,合理修剪,及时中耕除草,加强病虫害防治。

3) 药剂防治。梨树发芽前喷石硫合剂。5 月下旬或 6 月初开始,每 10~15 天喷 1 次药，直到采收前20天为止，连续喷4~5次，根据每年雨水多少适当调整喷药间隔期与次数。药剂可用200倍石灰过量式波尔多液、75%百菌清500倍液、65%代森锌500倍液、50%甲基托布津500倍液。

4) 果实套袋。在套袋之前喷一次杀菌剂。

5) 低温贮藏。采收后在0℃低温下贮藏果实可抑制病害发生。

4. 梨黑斑病

(1) 症状。梨黑斑病主要为害果实、叶片及新梢，如图6-4所示。

1) 叶片发病。叶部受害，幼叶先发病。病斑中心呈灰白色，边缘为黑褐色，有时有轮纹。天气潮湿时，病斑表面产生黑色霉层。

2) 果实发病。果实受害，果面出现一至数个黑色斑点，逐渐扩大，颜色变浅，形成浅褐色至灰褐色圆形病斑，略凹陷。发病后期病果出现畸形、龟裂，裂缝可深达果心，果面和裂缝内产生黑霉，并常常引起落果。果实近成熟期染病的，前期表现与幼果染病症状相似，但病斑较大、呈黑褐色，后期果肉软腐、果实脱落。

3) 新梢发病。新梢发病，病斑呈圆形、椭圆形或纺锤形，为淡褐色或黑褐色，略凹陷，易折断。

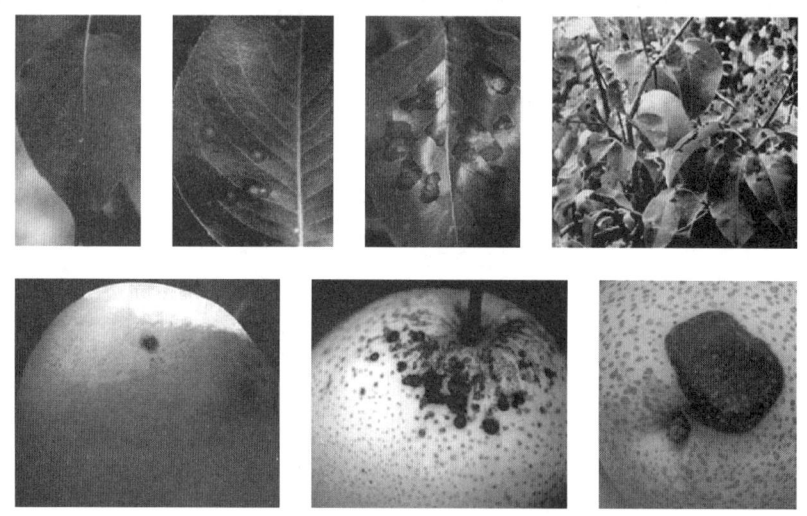

图6-4 梨黑斑病病叶、病枝和病果

注：图片来源于王国平、窦连登主编的《果树病虫害诊断与防治原色图谱》。

(2) 发病规律。南方梨产区的梨树一般4月下旬开始发病，嫩叶极易受害。6—7月如遇多雨，梨黑斑病更易流行。地势低注，偏施化肥或肥料不足，修剪不合理，树势衰弱，梨网蝽、蚜虫猖獗等不利因素均可加重该病的流行和危害。日本梨品种常感染该病，如'二十世纪'梨。

（3）防治方法

1）清除病源。萌芽前剪除有病枝梢，清除果园内的落叶、落果，并集中烧毁。

2）加强栽培管理。栽种抗病性强的品种。合理施肥，增强树势，提高梨树抗病能力。低洼果园在雨季应及时排水。重病树要重剪，以增进通风透光。

3）套袋。套袋可以保护果实免受病菌侵害。

4）喷药保护。梨树发芽前，喷5波美度石硫合剂，以杀灭枝干上越冬的病菌。落花后至梅雨期结束前，即4月下旬至7月上旬，都要喷药。两次喷药的间隔期为10天左右，共喷药7~8次。为了保护果实，套袋前喷1次，喷后立即套袋。药剂可用1:2:(160~200)波尔多液、80%代森锰锌可湿性粉剂800倍液、10%世高水分散粒剂2 000~3 000倍液、3%多抗霉素可湿性粉剂1 000倍液等。

5）低温贮藏。采用低温（0~5℃）贮藏，可以抑制梨黑斑病的发展。

5. 梨干腐病

（1）症状。苗木和幼树受害，枝皮出现深褐色或黑色长条形病斑（见图6-5），病斑处质地较硬，微湿润，多烂到木质部。病斑扩展到枝干半圈以上时，常造成病部以上叶片枯萎，枝条枯死。病斑后期失水，干缩，凹陷，边缘裂开，病斑上形成密布的黑色小颗粒（为病原菌的分生孢子器），潮湿条件下病斑上溢出茶褐色汁液。梨干腐病也侵蚀果实，造成果实腐烂，症状同梨轮纹病。

（2）发病规律。枝干发病与树体生长情况有关，树势衰弱、持续干旱、土壤含水量不足等均可造成病斑的迅速扩展。一般在水利条件较差、土壤肥力低、管理粗放、施氮肥较多、枝条徒长的地区和园地中梨树发病较重；在同一梨园中，生长势弱的单株发病较重。不同品种梨的发病情况也有差异，'新水'梨、'幸水'梨、'翠冠'梨容易感染此病。

（3）防治方法

1）加强栽培管理。对苗木和幼枝合理施肥，控制枝条徒长。干旱时及时灌水。

2）药剂防治。发病初期可用锋利的刀削掉变色的病部或刮掉病斑。休眠期可用10波美度石硫合剂、70%甲基托布津可湿性粉剂100倍液等；萌芽前用5波美度石硫合剂仔细喷洒枝干，同时日常结合其他病

图6-5　梨干腐病病枝

害一起防治。

6. 梨白粉病

（1）症状。该病主要为害叶片，最初在叶片背面产生圆形或不规则形的白粉斑，并逐渐扩大，直至全叶背布满白色粉状物，如图6-6所示。随着气温的逐渐下降，白粉斑上会形成很多黄褐色小颗粒，后变为黑色（闭囊壳）。生白色病斑的叶片正面组织呈黄绿色至黄色不规则病斑，发病严重时，造成早期落叶。

图6-6 梨白粉病病叶

（2）发病规律。病菌黏附在落下的病叶上或枝梢上越冬，4月中旬前后分生孢子随风传播，侵入叶背，6月中上旬开始为害，通过风雨传播，上海立秋后为发病盛期。密植梨园及通风不畅、排水不良或偏施氮肥的梨园中的梨树容易发病。

（3）防治方法

1）清除病原。秋季清扫落叶，消灭越冬菌源。冬季修剪时剪除病枝、病芽。早春果树发芽时，及时摘除病芽、病梢。

2）加强栽培管理。多施有机肥，防止偏施氮肥。合理修剪，使树冠的通风透光性良好。

3）药剂防治。发芽前喷1次3~5波美度石硫合剂，杀死树上越冬病菌。从7月上旬或中旬开始喷1~2次杀菌剂，药剂可用15%粉锈宁2 000倍液等。

7. 梨褐斑病

梨褐斑病又称斑枯病，在南方梨产区较为普遍，病重时引起大量落叶，造成一定程度减产。

（1）症状。该病仅为害叶片，最初在叶片上产生圆形或近圆形的褐色病斑，之后逐渐扩大，如图6-7所示。发病严重的叶片往往有数十个之多的病斑，病斑逐渐相互愈合形成不规则形的褐色大斑块。病斑初期为褐色，边缘明显；后期病斑中心呈灰白色，密生黑色小点，边缘为褐色，最外层则为黑色。

（2）发病规律。5—7月间，天气多雨、潮湿时发病重。树势衰弱、排水不良的果园发病多。

（3）防治方法

1）清除病源。冬季扫除落叶，集中烧毁或深埋土中，消灭病源。

2）加强栽培管理。控制树势，培养健壮的树势，提高梨树抗病力。雨后做好园内排水，以降低果园湿度。

3）药剂防治。早春梨树发芽前，结合梨锈病防治，喷洒波尔多液（1∶2∶200）。落花后，当病害初发时，第二次喷药，药剂及浓度同上。在天气多雨、病害易盛发的年份，可于5月上旬或中旬再喷波尔多液（1∶2∶200）一次，也可用50%甲基托布津可湿性粉剂800倍液，或70%代森锰锌可湿性粉剂600倍液。防治梨褐斑病一般喷药2~3次即能达到良好的效果，其中最为关键的为落花后的一次。上海地区梅雨季发病较严重、注意防治。

图6-7 梨褐斑病病叶

注：图片来源于《落叶果树》期刊2017，49（6）的文章《梨褐斑病的发生规律与防治方法》，作者谢志刚、张明、卜令龙等。

8. 梨锈病

（1）症状。该病主要为害叶片和新梢，严重时也能为害幼果。叶片受害，叶正面形成橙黄色圆形病斑，并密生橙黄色针头大的小颗粒，即性孢子器，潮湿时溢出淡黄色黏液，即性孢子，后期小颗粒变为黑色。病斑对应的叶片背面组织增厚，并长出一丛灰黄色毛状物，即锈子器。毛状物破裂后散出黄褐色粉末，即锈孢子。果实、果梗、新梢、叶柄受害，初期病斑与叶片上的相似，后期在同一病斑的表面产生毛状物。梨锈病病叶及病果如图6-8所示。

图6-8 梨锈病病叶及病果

（2）发病规律。梨树自开始展叶到展叶后 20 天内最易感染该病，老熟叶片一般不再感染。若梨园附近有桧柏等转主寄主，春季多雨潮湿时，梨锈病常发病严重。

（3）防治方法

1）清除病源。清除梨园周围 5 km 以内的桧柏、龙柏等转主寄主，是防治梨锈病最彻底有效的措施。如果梨园近风景区或绿化区，桧柏等转主寄主不能清除时，则应在桧柏等树上喷药，清除越冬病菌，减少侵染源。可在 3 月中上旬（梨树发芽前）对桧柏等转主寄主先剪除病枝，然后喷 1~2 波美度石硫合剂或 1：（1~2）：（160~200）波尔多液。

2）药剂防治。在梨树上喷药应在梨树萌芽期至展叶后 25 天内，即孢子传播侵染的盛期进行。一般年份可在梨树发芽期喷 1 次药，隔 10~15 天再喷 1 次即可；春季多雨的年份，应在花前喷 1 次，花后喷 1~2 次，每次间隔 10~15 天；春季干旱的年份可以少喷或不喷药。药剂可用 1：2：（160~200）倍波尔多液、15% 粉锈宁 1 500~2 000 倍液、250 g/L 戊唑醇水乳剂 3 000 倍液。

9. 梨青霉病

（1）症状。感染该病后果面产生近圆形或不规则形病斑，呈淡褐色湿腐状，稍凹陷，病部果肉软腐，呈锥形向果心扩展，最后导致全果腐烂。后期病部产生霉丛（分生孢子梗及分生孢子），初为白色，后变为青绿色，如图 6-9 所示。病果有强烈的发霉气味。

图 6-9　梨青霉病病果

（2）发病规律。发病与温度（25℃最易发病）、湿度、伤口量等有关。果实贮藏期库温高、湿度大、通风不良，会导致病害严重发生。

(3) 防治方法

1) 清除菌源。采收、包装、贮运过程中尽量避免造成各种伤口。包装房、果筐等严格消毒。消毒剂可用硫黄、福尔马林、漂白粉等。及时清除烂果。

2) 药剂防治。果实贮藏前用杀菌剂处理，晾干后单果包装。药剂可用 750~1 500 mg/kg 特克多、50%抑霉唑乳油 1 000 倍液、25%施保克 1 000 倍液等。

6.1.2 细菌性病害——梨火疫病

1. 症状

感染该病后花器呈萎蔫状，深褐色，并向下蔓延至花柄，使花柄出现水渍状病部。叶片发病，叶缘先变黑色，然后病部沿叶脉发展，最终全叶变黑、萎凋。病果初生水渍状斑，后变暗褐色，并有黄色黏液溢出，最后变黑、干缩。枝干发病，病部初呈水渍状，有明显的边缘，后病部凹陷呈溃疡状，呈褐色至黑色，如图 6-10 所示。

 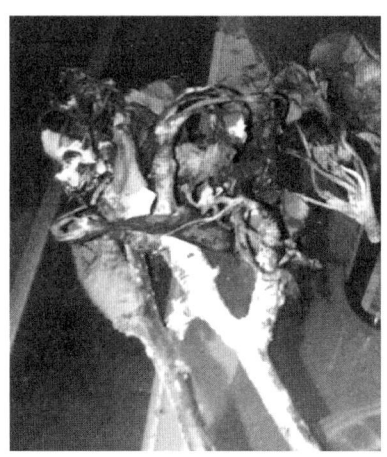

图 6-10　梨火疫病枝干病斑及病梢

2. 发病规律

病原细菌在枝干病部越冬，翌年通过昆虫和雨水传播。此病于初春随新梢生长而发生，夏季之后几乎不发生。病原细菌寄主范围广泛，可侵害蔷薇科大多数植物，其中以西洋梨为多，日本梨较少。

3. 防治方法

(1) 冬季剪除病梢及刮除枝干上的病皮，加以烧毁或者深埋。

(2) 花期发现病花，立即剪除。

(3) 在发病前喷 1∶2∶(160~200) 波尔多液，以保护新梢等。

(4) 及时防治传播该病的昆虫。

(5) 栽培抗病品种。

6.1.3 生理性病害

1. 缺氮

(1) 症状。生长期缺氮的叶呈黄绿色，缺氮使老叶转变为橙红色或紫色，易早落，花芽、花及果实都少，果小但着色很好。

(2) 发病规律。土壤贫瘠、管理粗放、缺肥和杂草多的果园，易有缺氮现象。例如，'翠冠'梨叶片氮含量标准为 2.2%~2.8%（上海地区），'雪青'梨叶片氮含量标准为 1.58%~1.72%（河北农业大学提供），氮含量低于下限都会面临缺氮现象。

(3) 防治方法。一般正常施肥的果园不会缺氮，在雨季和新梢迅速生长期，树体需要大量氮素，可在树冠喷 0.3%~0.5% 尿素溶液。

2. 缺磷

(1) 症状。当梨树磷供应不足时，光合作用产生的糖类物质不能及时运转，积累在叶片内转变为花青素，使叶片呈紫红色，春季或夏季生长较快的枝叶尤为严重，几乎都呈紫红色。

(2) 发病规律。疏松的沙土或有机质多的土壤常有缺磷现象。当土壤呈碱性或含钙量高时，土壤中磷素被固定成磷酸钙，不能被果树吸收。叶片含磷量在 0.15% 以下时，即表现缺磷。

(3) 防治方法

1) 叶面喷磷。对缺磷果树，可在展叶期对叶面喷施磷酸二氢钾或过磷酸钙。

2) 土壤施磷。针对土壤呈碱性和含钙量高造成的缺磷，需施入硫酸铵使土壤酸化，以提高土壤中磷的有效成分。

3. 缺铁

(1) 症状。缺铁的梨树多从新梢顶部嫩叶开始发病，初期先是叶肉失绿变黄，叶脉两侧仍保持绿色，叶片呈绿网纹状，较正常叶小。随着病情加重，叶片黄化程度愈加严重，全叶呈黄白色，叶片边缘开始产生褐色焦枯斑，严重者叶焦枯脱落，顶芽枯死。

(2) 发病规律。土壤中铁的含量一般比较丰富，但在含盐量高、碱性重的土壤中，大量可溶性二价铁被转化为不溶性三价铁盐而沉淀，不能被利用。春季干旱时，由于水分蒸发，表层土壤中含盐量增加，又正值梨树旺盛生长期，需铁量较多，因此缺铁症状出现较多。进入雨季，土壤中盐分下降，可溶性铁相对增多，缺铁现象明显减少,甚至消失。地势低洼、地下水位高、土壤黏重、排水不良及经常灌水的果园,发病较重。

(3)防治方法

1)农业防治。农业防治的方法为春季灌水洗盐,及时排除盐水,控制土壤盐分;增施有机肥和绿肥,改良土壤,增加有机质,提高植株对铁素的吸收利用率。

2)树体补铁。对发病严重的梨园,于落花后开始对叶面喷施铁肥。每隔7~10天喷1次,连喷2~3次,效果较好。药剂有黄腐酸铁、柠檬酸铁等(商品名称有"速效铁""硝黄铁"等),常用浓度为0.1%~0.2%。也可在发芽后喷0.5%硫酸亚铁或对叶面喷施400~600倍叶绿保。还可用强力树干注射器按病情注射0.05%~0.1%的酸化硫酸亚铁溶液。注射之前应先做剂量试验,以防发生肥害。

4. 缺钾

(1)症状。梨树缺钾,当年生的枝条中下部叶片边缘先产生枯黄色,后呈枯焦状,叶片常发生皱缩或卷曲;严重缺钾,可致使整叶枯焦,挂在枝上,不易脱落;缺钾还会使枝条生长不良,果实常呈不熟的状态。

(2)发病规律。细沙土、酸性土及有机质少的土壤易使梨树出现缺钾症状;沙质土施石灰过多,会降低钾的供给性;在轻度缺钾土壤中偏施氮肥,梨树易出现缺钾症状。

(3)防治方法。防治方法有增施有机肥或绿肥压青;生长期每亩追施硫酸钾20~25 kg或氯化钾15~20 kg;叶面喷施0.2%~0.3%磷酸二氢钾2~3次。

5. 缺锌

(1)症状。梨树缺锌会发生小叶病,表现为春季发芽晚,叶片狭小、呈淡绿色;病枝节间短,其上着生许多细小簇生叶片。由于病枝生长停滞,其下部往往又长出新枝,但仍表现为节间短,叶色淡绿,叶片细小。病树花芽减少,花小、色淡,座果率低。缺锌明显影响梨树产量和果实品质。

(2)发病规律。锌是合成生长素的必需元素。缺锌时,游离态和结合态生长素明显减少,致使梨树生长停滞。土壤含锌量很少;或土壤呈碱性或含磷量较高并大量施用氮肥时;或者土壤中有机质和水分过少,其他微量元素含量不平衡时,均易引起缺锌。叶片含锌量低于10~15 mg/kg,即表现缺锌症状。

(3)防治方法

1)处于砂地、瘠薄山地和盐碱地的梨园,应增施有机肥,改良土壤,这是防治小叶病的基础。

2)应结合春秋季施基肥,每株大树混施0.5~1 kg的硫酸锌。缺镁或缺铜诱致缺锌的梨园，应同时施含镁和铜的全元素复合肥，才能取得明显的防治效果。

3）开花前喷300 mg/kg环烷酸锌。

6. 缺锰

（1）症状。梨树缺锰的症状为叶脉间失绿，叶脉为绿色，呈肋骨状失绿。这种失绿从基部到新梢都会发生（不包括新生叶），一般多从新梢中部叶开始失绿，向上下两个方向扩展。叶片失绿后，沿中脉显示一条绿色带。

（2）发病规律。土壤中的锰是以多种形态存在的，在有腐殖质和水时，呈还原型。土壤为碱性时，锰为不溶解状态，常可使梨树表现缺锰症状；土壤为强酸性时，常由于锰含量过多，而造成果树中毒。春季干旱时，易出现缺锰症状。

（3）防治方法。防治方法为对叶面喷施硫酸锰，可在叶片生长期喷3次0.3%硫酸锰溶液；对枝干涂抹硫酸锰溶液，可促进新梢和新叶生长；在土壤含锰量极少时可进行土壤施锰。一般将硫酸锰混合在其他肥料中施用。

6.2 虫害种类、发生条件和防治

6.2.1 虫类

1. 梨小食心虫

（1）为害症状。梨小食心虫幼虫为害多种果树枝梢，如李、桃、梨等，多从萼、梗洼、果子贴合处蛀入，早期被害果蛀孔外有虫粪排出，晚期多无虫粪。幼虫蛀入后直达果心，高湿情况下蛀孔周围常变黑、腐烂，渐扩大。被害嫩梢、果实如图6-11所示。

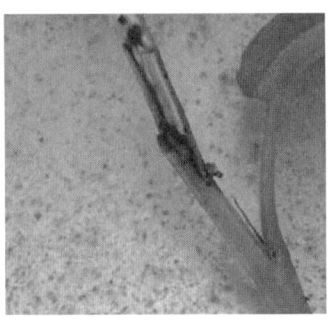

图6-11 被梨小食心虫侵害的嫩梢、果实

(2) 形态特征。梨小食心虫幼虫、成虫如图 6-12 所示。

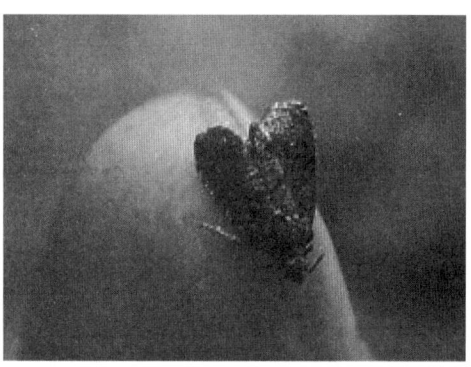

图 6-12 梨小食心虫幼虫、成虫

1) 成虫。成虫体长 5~7 mm，翅展 11~14 mm，雌雄差异极小。全体灰褐色，无光泽。前翅灰黑色，前缘有 10 组白色短斜纹，翅上密布白色鳞片，除近顶角下外缘处的白点外，排列很不规则；后缘有一些条纹，近外缘约有 10 个小黑斑。后翅浅茶褐色，两翅合拢，外缘合成钝角。足灰褐色，各足跗节末灰白色。腹部灰褐色。

2) 幼虫。幼虫体长 10~13 mm，淡红至桃红色，腹部橙黄色，头黄褐色，前胸盾浅黄褐色，臀板浅褐色，胸、腹部淡红色或粉色。臀栉 4~7 刺。腹足趾钩单序环 30~40 个，臀足趾钩 20~30 个。前胸气门前片上有 3 根刚毛。

3) 卵。卵扁椭圆形，中央隆起，直径 0.5~0.8 mm，表面有皱褶，初乳白色，后变为淡黄色，孵化前变黑褐色。

(3) 发生规律。梨小食心虫 1 年发生代数因各地气候不同而异。各虫态历期为：第一代卵期 8~10 天，非越冬幼虫期 25~30 天，蛹期一般 7~10 天，成虫寿命 4~15 天，除最后一代幼虫越冬外，完成 1 代需 40~50 天。梨小食心虫有转主为害习性。一般 1~2 代主要为害桃、李、杏的新梢，3~4 代为害桃、梨、苹果的果实。在梨、苹果和桃树混栽或邻栽的果园，梨小食心虫为害严重，果树种类单一的果园为害轻，管理粗放的山地果园为害严重。

(4) 防治方法

1) 消灭越冬幼虫。早春发芽前，对有幼虫越冬的果树，如桃树、梨树、苹果树等，刮除老树皮，刮下的粗皮集中烧毁；处理果筐、果箱及填料，可以消灭一部分越冬幼虫。

2) 剪除被害枝梢。5—6 月间新梢被害时及时经常剪除被害枝梢，剪下的虫梢集中处理。

3）药剂防治。在成虫盛期后 3~5 天内喷洒药剂。可用药剂有 2.5%溴氰菊酯乳油 2 500 倍液、10%氯氰菊酯 2 000 倍液、40%水胺硫磷 1 000 倍液、1.8%阿维菌素 3 000~4 000 倍液等。

2. 桃小食心虫

（1）为害症状。桃小食心虫主要为害果实，虫果果面被蛀入小孔，愈合成小圆点，蛀孔周围凹陷，常带青绿色，果肉内虫道弯曲纵横，果心被蛀空并有大量虫粪。若果面上蛀孔较大，周围易变黑、腐烂。早期虫果变形，后期虫果不变形，都提早发黄脱落。受害果实如图 6-13 所示。

图 6-13 被桃小食心虫侵害的果实

注：图片来源于《落叶果树》期刊 2019，51（6）的文章《桃小食心虫的危害特点及防控措施》，作者宫庆涛、姜莉莉、李素红等。

（2）形态特征。成虫全体灰白色或灰褐色。雌虫体长 7~8 mm，翅展 16~18 mm；雄虫体长 5~6 mm，翅展 13~15 mm，前翅中部近前缘处有近似三角形蓝灰色大斑，近基部和中部有 7~8 簇蓝褐色斜立鳞片。雌虫唇须较长，向前直伸；雄虫唇须较短并向上翘。后翅灰色、缘毛长、浅灰色。卵深红色，桶形，底部黏附于果实上。卵壳表面具不规则多角形网状刻纹。卵壳顶部环生 2~3 圈"Y"状刺毛。末龄幼虫（见图 6-14）体长 13~16 mm，桃红色，幼龄幼虫淡黄色或白色。幼虫前胸侧毛组具 2 毛，趾钩为单序环，无臀栉。蛹长 7 mm 左右，刚化蛹时为黄白色，近羽化时灰黑色。茧分冬、夏两型。冬茧茧丝紧密，扁圆形，长 5 mm 左右；夏茧茧丝松散，纺锤形，长 8 mm 左右。两种茧外表黏着土沙粒。

(3) 发生规律。桃小食心虫以老熟的幼虫做茧在土中越冬，出土盛期在 6 月中下旬，出土后多在树冠下荫蔽处做夏茧并在其中化蛹。越冬代成虫羽化，羽化后经 1~3 天产卵，绝大多数卵产在果实绒毛较多的萼洼处。初孵幼虫蛀入果中，第一代幼虫在果实中历期为 22~29 天。第一代成虫在 7 月下旬至 9 月下旬出现，盛期在 8 月中下旬。

桃小食心虫历年发生量变动较大，过冬幼虫出土、化蛹、成虫羽化及产卵都需要较高的湿度。例如，幼虫出土时需要土壤湿润，天干地旱时幼虫几乎全不能出土，因此每当雨后出土虫量增多；成虫产卵对湿度要求高，高湿条件下产卵多，低湿条件下产卵少，有时竟相差数十倍，干旱之年虫害较轻。

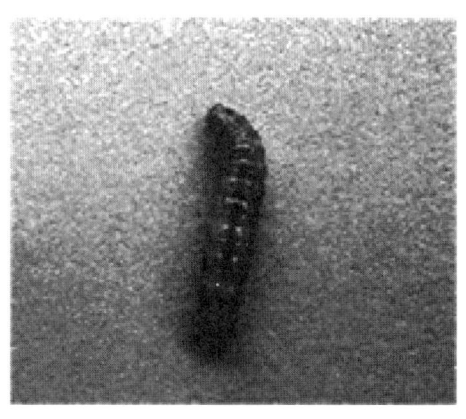

图 6-14 桃小食心虫末龄幼虫

注：图片来源于《落叶果树》期刊 2019，51（6）的文章《桃小食心虫的危害特点及防控措施》，作者宫庆涛、姜莉莉、李素红等。

(4) 防治方法

1）人工防治。在越冬幼虫出土前，将距树干 1 m 的范围内、深 14 cm 的土壤挖出，更换无冬茧的新土；或用宽幅地膜覆盖在树盘地面上，防止越冬代成虫飞出产卵，以减少越冬虫源。在幼虫出土和脱果前，清除树盘内的杂草及其他覆盖物，整平地面，堆放石块诱集幼虫，然后随时捕捉；在第一代幼虫脱果前，及时摘除虫果，并带出果园集中处理。

2）药剂防治

①地面防治。每亩地用 15% 乐斯本颗粒剂 2 kg 或 50% 辛硫磷乳油 500 g 与细土 15~25 kg 充分混合，均匀地撒在树干下地面处，用手耙将药土与土壤混合，整平。或用 48% 乐斯本乳油 300~500 倍液，在越冬幼虫出土前喷湿地面，耙松地表即可。

②树上防治。在幼虫初孵期，喷施 48% 乐斯本乳油 1 000~1 500 倍液其对卵和初孵幼虫有强烈的触杀作用，也可喷施 20% 杀灭菊酯乳油 2 000 倍液，或 10% 氯氰菊酯乳油 1 500 倍液、2.5% 溴氰菊酯乳油 2 000~3 000 倍液。一星期后再喷 1 次，可取得良好的防治效果。

3. 刺蛾

上海地区主要的刺蛾种类为扁刺蛾、黄刺蛾和绿刺蛾。

(1) 为害症状。刺蛾幼虫食叶，低龄幼虫啃食叶肉，稍大食成缺刻和孔洞，严重时食成光秆。

(2) 形态特征。刺蛾幼虫和成虫形态如图 6-15 所示。成虫体长 13~18 mm，翅展 28~

39 mm，体暗灰褐色，腹面及足色深，雌虫触角呈丝状，基部 10 多节呈栉齿状，雄虫触角呈羽状。前翅灰褐色稍带紫色，中室外侧有 1 条明显的暗褐色斜纹，自前缘近顶角处向后缘中部倾斜；中室上角有 1 个黑点，雄蛾较明显。后翅暗灰褐色。卵扁椭圆形，长 1.1 mm，初为淡黄绿色，后呈灰褐色。幼虫体长 21~26 mm，体扁椭圆形，背稍隆似龟背，绿色或黄绿色，背线白色，边缘蓝色；体边缘每侧有 10 个瘤状突起，上生刺毛，各节背面有 2 小丛刺毛，第 4 节背面两侧各有 1 个红点。蛹体长 10~15 mm，前端较肥大，近椭圆形，初蛹白色，近羽化时变为黄褐色。茧长 12~16 mm，椭圆形，暗褐色。

图 6-15　刺蛾幼虫、成虫

（3）发生规律。长江下游地区的刺蛾为 2 代，少数为 3 代，以末代老熟幼虫在树下 3~6 cm 土层内结茧以前蛹越冬，4 月中旬开始化蛹，5 月中旬至 6 月上旬羽化。第 1 代幼虫发生期为 5 月下旬至 7 月中旬，第 2 代幼虫发生期为 7 月下旬至 9 月中旬，第 3 代幼虫发生期为 9 月上旬至 10 月。成虫多在黄昏羽化出土，昼伏夜出，羽化后即可交配，2 天后产卵，多散产于叶面上。卵期 7 天左右。幼虫共 8 龄，6 龄起可食全叶，老熟幼虫多在夜间下树入土结茧。

（4）防治方法

1）人工防治。可挖除树基四周土壤中的虫茧，敲除枝干虫茧，减少虫源。

2）药剂防治。可在幼虫盛发期喷洒 50% 辛硫磷乳油 1 000 倍液，或 50% 马拉硫磷乳油 1 000 倍液、25% 亚胺硫磷乳油 1 000 倍液、25% 爱卡士乳油 1 500 倍液、5% 来福灵乳油 3 000 倍液。

4. 梨星毛虫

（1）为害症状。过冬幼虫出蛰后，蛀食花芽和叶芽，为害叶片时把叶片用丝粘在一起，包成饺子形，幼虫于其中食叶肉。夏季刚孵出的幼虫在叶片背面食叶肉使叶片呈现许多虫斑，如图 6-16 所示。

（2）形态特征。梨星毛虫幼虫、成虫形态，如图 6-17 所示。成虫体长 9~12 mm，灰黑色。翅半透明，翅缘颜色较深。雄蛾触角呈短羽毛状，雌蛾触角呈锯齿状。卵扁椭圆形，长0.7 mm，初产时为乳白色，近孵化时为黄褐色。老熟幼虫体长约20 mm，白色，纺锤形，体背两侧各节有黑色斑点两个和白色丛毛。蛹体长约12 mm，纺锤形，初为淡黄色，后期为黑褐色。

图6-16 被梨星毛虫侵害的叶片

注：图片来源于《果树实用技术与信息》期刊1999年第10期文章《看图治虫——梨星毛虫》。

图6-17 梨星毛虫幼虫、成虫

注：图片来源于《果树实用技术与信息》期刊1999年第10期文章《看图治虫——梨星毛虫》。

（3）发生规律。幼虫在树干裂缝和粗皮间结白色薄茧越冬，翌年早春萌芽时开始出蛰活动，为害芽、花蕾和嫩叶。幼虫一生为害7~8张叶片，老熟后在叶苞内化蛹，蛹期约10天。成虫白天静伏，晚上交配产卵，卵多产于叶片背面呈不规则块状，卵经7~8天后孵化为幼虫，长至2~3龄时开始越冬。

（4）防治方法

1）人工防治。在早春果树发芽前、越冬幼虫出蛰前，对老树刮树皮，对幼树树干周围压土消灭越冬幼虫。刮下的树皮要集中烧毁。在虫害不严重的果园，及时摘除受害叶片，或清晨摇动树枝，振落成虫。

2）药剂防治。梨树花芽膨大期是施药防治梨星毛虫越冬后出蛰幼虫的适期。可选择喷施20%米满（虫酰肼）悬浮剂1 500倍液，或25%灭幼脲悬浮剂2 000倍液、20%杀灭菊酯3 000倍液、2.5%溴氰菊酯4 000倍液。防治第一代卵及初孵幼虫，可改用95%巴丹3 000倍液。

5. 梨果象甲

（1）为害症状。梨果象甲成虫为害嫩枝、叶、花、果皮、果肉，受害幼果果面粗糙，俗称"麻脸梨"，严重者常干枯脱落；成虫产卵前咬伤产卵果的果柄，造成落果。幼虫于果内蛀食，使被害果皱缩或成凹凸不平的畸形果。

（2）形态特征。梨果象甲成虫体长12~14 mm，暗紫铜色，前胸略呈球形，密布刻点和短毛，背面中部有"小"字形凹纹。足发达，中足稍短于前后足，鞘翅上刻点较粗大，略呈9纵行。卵椭圆形，长1.5 mm，表面光滑，初为乳白色，渐变为乳黄色。幼虫体长12 mm左右，乳白色，12节，体表多横皱，略弯曲。幼虫头小，大部缩入前胸内，前半部和口器暗褐色，后半部黄褐色。各节中部有1横沟，沟后部生有1横列黄褐色刚毛，胸足退化消失。蛹体长9 mm左右，初为乳白色，渐变为黄褐色至暗褐色，被细毛。

（3）发生规律。梨果象甲1年发生1代，以成虫于6 cm左右深土层中越冬；少数2年1代，第一年以幼虫于土中越冬，翌年夏、秋季羽化不出土即越冬，第3年春出土。成虫出土后飞到树上取食，为害果树，白天活动，晴朗、无风、高温时最活跃，有假死性，早晚低温时遇惊扰假死落地，高温时常落至半空即飞走。成虫出土数量与当时的降雨情况有关，落花后如有透雨可促其大量集中出土；如遇春旱，出土数量少，时间也推迟。

（4）防治方法

1) 药剂防治。常年虫害发生严重的果园，越冬成虫出土后，尤其是雨后，在树冠下喷施50%辛硫磷乳油300~400倍液，树上喷施10%安绿宝乳油2 000倍液或40%速扑杀1 500倍液，隔10~15天再喷1次。

2) 人工防治。利用成虫假死习性，清晨在树下铺布单或塑料薄膜，捕杀振落的成虫。此法应着重在成虫交尾、产卵之前和雨后成虫出土时进行。

6. 茶翅蝽

（1）为害症状。茶翅蝽成虫、若虫吸食叶片、嫩梢和果实的汁液。正在生长的果实被害后，成为凹凸不平的畸形果，俗称"疙瘩梨"（见图6-18），受害处变硬味苦；近成熟的果实被害后，受害处果肉变空，木栓化。幼果受害严重时常脱落，对产量和品质影响较大。

（2）形态特征。茶翅蝽成虫体长12~16 mm，宽6.5~9.0 mm，扁椭圆形，灰褐色略带紫红色。触角5节，褐色，第4节两端及第5节基部黄色。复眼球形，黑色。前胸背板、小盾片和前翅革质部有密集的黑褐

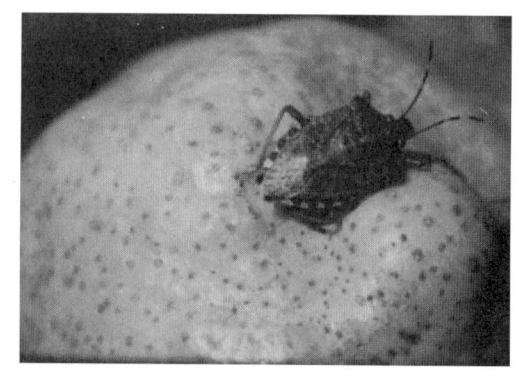

图6-18 被茶翅蝽侵害的果实

色刻点。前胸背板前缘有4个黄褐色小点。小盾片基部有5个小黄点横列。卵常20~30粒并排在一起，卵粒短圆筒状，形似茶杯，灰白色，近孵化时呈黑褐色。若虫与成虫相似，前胸背板两侧有刺突，腹部各节背面中部有黑斑，黑斑中央两侧各有1个黄褐色小点，各腹节两侧间处均有1个黑斑。

(3) 发生规律。茶翅蝽 1 年发生 1 代，以成虫在空房、屋角、檐下、草堆、树洞、石缝等处越冬。次年 4 月下旬至 5 月上旬，成虫陆续出蛰。造成虫害的越冬代成虫中，大多数是在果园中越冬的，少数是由果园外迁移到果园中的。越冬代成虫可一直为害至 6 月，然后多数成虫迁出果园，到其他植物上产卵，并发生一代若虫。在 6 月上旬以前所产的卵，可于 8 月以前羽化为第一代成虫。第一代成虫可很快产卵，并发生第二代若虫。而在 6 月上旬以后产的卵，只能发生一代。在 8 月中旬以后羽化的成虫均为越冬代成虫。越冬代成虫平均寿命为 301 天，最长可达 349 天。在果园内发生或由果园外迁入果园的成虫，于 8 月中旬后出现在园中，为害后期的果实。10 月后成虫陆续潜藏越冬。

(4) 防治方法。此虫寄主多，越冬场所分散，给防治带来一定困难，目前应以喷施药剂为主，结合其他措施进行防治。在成虫越冬前和出蛰期在墙面上爬行停留时，可进行人工捕杀。在成虫越冬期，可将果园附近空屋密封，用"741"烟雾剂进行熏杀。在成虫产卵期，应查找卵块摘除。

7. 梨木虱

(1) 为害症状。梨木虱以成虫、若虫刺吸芽、叶、嫩枝梢汁液进行直接为害，春季成虫、幼虫多集中于新梢、叶柄为害，夏、秋季则多在叶面吸食为害。被害叶片叶脉扭曲，叶面皱缩，产生枯斑，并逐渐变黑，提早脱落。若虫分泌大量黏液，常使叶片黏在一起或黏在果实上，招致杂菌，污染叶片和果面。被害果实发育不良或造成裂果，被害枝条停止生长，易受冻害。被该虫侵害的叶柄及叶片如图 6-19 所示。

图 6-19 被梨木虱侵害的叶柄及叶片

(2) 形态特征。梨木虱成虫分冬型和夏型，冬型成虫体长 2.8~3.2 mm，体褐色至暗褐色，具黑褐色斑纹；夏型成虫体略小，长 2.3~2.9 mm，黄绿色，翅上无斑纹，复眼黑色，胸背有 4 条红黄色或黄色纵条纹。卵长圆形，一端尖细。若虫扁椭圆形，浅绿色，复眼红色，翅芽淡黄色，突出在身体两侧。

(3) 发生规律。冬型成虫 3 月中旬出蛰盛期，即梨树发芽前开始产卵。各代成虫发生期大致为：第一代出现在 5 月上旬，第二代出现在 6 月上旬，第三代出现在 7 月上旬，第四代出现在 8 月中旬。第四代成虫即为冬型，但发生较早时仍可产卵，并于 9 月中旬出现第五代成虫。一般干旱年份或季节虫害较严重。

（4）防治方法

1）人工防治。人工防治方法为彻底清除树的枯枝、落叶、杂草，刮老树皮，严冬浇冻水，消灭越冬成虫。

2）药剂防治。可在 3 月中旬越冬成虫出蛰盛期喷洒菊酯类药剂 1 500～2 000 倍液，控制出蛰成虫数。梨落花 95% 左右时是梨木虱防治的最关键时期，可喷洒 20% 吡虫啉 6 000～8 000 倍液、2.5% 溴氰菊酯 3 000 倍液、0.9% 阿维菌素 2 500 倍液、20% 杀灭菊酯乳油 3 000 倍液、1% 苦参碱 1 000 倍液等。虫害严重的梨园，可在药剂中加入助杀或消解灵 1 000 倍液、有机硅等助剂，以提高药效。

8. 梨网蝽

（1）为害症状。被害叶片正面形成苍白色斑点，叶片整个背面因此虫排出的斑斑点点褐色粪便和产卵时留下的蝇粪状黑点，呈现出锈黄色，极易识别，如图 6-20 所示。受害严重的时候，叶片早期脱落，影响树势和产量。

（2）形态特征。梨网蝽成虫（见图 6-21）体长 3.5 mm 左右，扁平，暗褐色。前胸背板中央纵向隆起，向后延伸如扁板状，盖住小盾片，前胸两侧向外突出呈羽片状。前翅略呈长方形，静止时，两翅叠起，黑色斑纹呈"X"状。前胸背板与前翅均半透明，具褐色细网纹。卵长椭圆形，一端弯曲，长约 0.6 mm，初产时为淡绿色，半透明，后变淡黄色。若虫共 5 龄，初孵时为乳白色，后渐变为暗褐色。3 龄后翅芽明显，腹部两侧及后缘有 1 环黄褐色刺状突起。

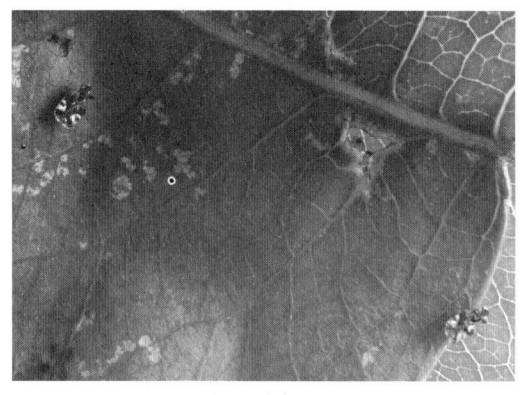

图 6-20　被梨网蝽侵害的叶片

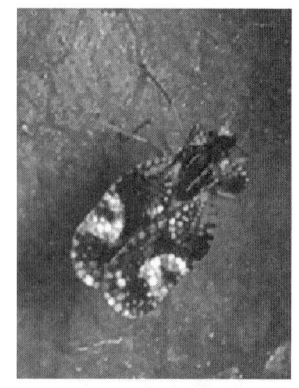

图 6-21　梨网蝽成虫

（3）发生规律。长江流域梨网蝽 1 年发生代数为 4～5 代，华北地区为 3～4 代，各地均以成虫在枯枝、落叶、杂草、树皮裂缝及土、石缝隙中越冬。4月中上旬越冬成虫开始活动，集中到叶背取食和产卵。卵产在叶组织内，上面附有黄褐色胶状物，卵期半个月左右。初孵若虫多数群集在主脉两侧为害。若虫脱破5次，经半个月左右变为成虫。第一代成虫6月初发生，以后各代分别在7月上旬、8月初、8月底9月初发生，因成虫期长，产卵期长，世代重叠，各虫态常同时存在。成虫喜在中午活动，每头雌成虫的产卵量因寄主不同而异，为数十粒至上百粒，卵分次产，常数粒至数十粒相邻，产卵处外面都有1个中央稍为凹陷的小黑点。

（4）防治方法

1）人工防治。成虫春季出蛰活动前，彻底清除果园内及附近杂草、枯枝、落叶，集中烧毁或深埋，消灭越冬成虫。9月间在树干上束草，诱集越冬成虫，清理果园时一起处理。

2）药剂防治。对茎干较粗并较粗糙的植株，涂白处理。喷药关键时期有两个，一是越冬成虫出蛰到第一代若虫发生期，最好是梨树落花后、成虫产卵前，以压低春季虫口数量；二是夏季大规模发生前，以控制7—8月的虫害。可使用的药剂有10%安绿宝2 000倍液、2.5%绿色功夫2 000倍液、40%速扑杀乳油1 500倍液、10%吡虫啉3 000倍液等，连喷2次，效果很好。

9. 梨二叉蚜

（1）为害症状。梨二叉蚜的成虫、若虫（见图6-22）群集于梨树的芽、叶、嫩梢和茎上吸食汁液。梨叶受害严重时由两侧向正面纵卷成筒状，早期脱落，影响产量与花芽分化，削弱树势，如图6-23所示。

图6-22 梨二叉蚜若虫

图6-23 被梨二叉蚜侵害的叶片

（2）形态特征。无翅胎生雌蚜体长2 mm左右，宽约1.1 mm，体绿色、暗绿色、黄褐色，被有白色蜡粉。头部额瘤不明显。口器黑色，基半部色略淡，端部伸达中足基节。复眼红褐色。触角丝状，6节，端部黑色，第5节末端具感觉孔1个。各足腿节、胫节的端部和跗节黑色。腹管长大，黑色，圆柱状，末端收缩。尾片圆锥形，侧毛3对。有翅胎生雌蚜体长1.5 mm左右，翅展5.0 mm左右。头胸部黑色，额瘤微突出。口器黑色，端部伸达后足基节。触角丝状，6节，淡黑色，第3~5节依次有感觉孔18~27个、7~11个、2~6个。复眼暗红色。前翅中脉分2叉，足、腹管和尾片与无翅胎生雌蚜相同。卵椭圆形，长径约0.7 mm，初产为暗绿色，后变黑色，有光泽。

（3）发生规律。梨二叉蚜1年发生20代左右，生活周期为乔迁式。梨二叉蚜以卵在梨树芽、果台、枝杈的缝隙内越冬，于梨芽萌动时开始孵化。若虫群集于露绿的芽上为害，待梨芽开绽时钻入芽内，展叶期又集中到嫩梢叶面为害，致使叶片向上纵卷成筒状。落花后大量出现卷叶，半月左右开始出现有翅蚜，5—6月大量迁飞到越夏寄主狗尾草和茅草上。6月中下旬梨二叉蚜在梨树上基本绝迹。秋季9—10月间，在越夏寄主上产生的大量有翅蚜迁回梨树上繁殖为害，并产生性蚜。雌蚜交尾后产卵，以卵越冬。

（4）防治方法

1）人工防治。在梨二叉蚜发生数量不太大时，及时摘除被害叶，集中处理。

2）药剂防治。越冬卵全部孵化而又未造成卷叶时应喷药，药剂可用10%吡虫啉（一遍净）3 000~5 000倍液、50%辟蚜雾2 500倍液、20%康福多3 000~8 000倍液、3%啶虫脒2 500倍液等。

3）生物防治。保护利用梨二叉蚜的天敌，进行防治。

10. 梨黄粉蚜

（1）为害症状。梨黄粉蚜成虫和若虫群集在叶背面、果实萼洼处为害繁殖，虫口密度大时，可布满整个果面。受害果萼洼处凹陷，后变黑、腐烂，后期形成龟裂的大黑疤，甚至落果，如图6-24所示。

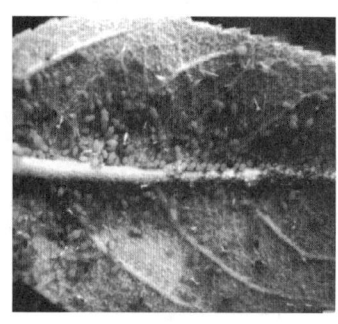 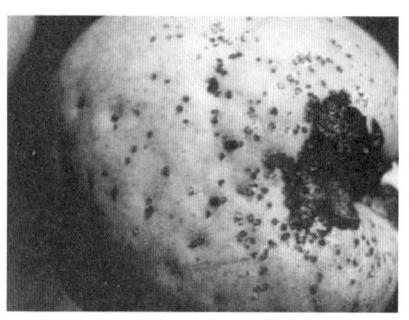

图6-24 被梨黄粉蚜侵害的叶片和果实

（2）形态特征。梨黄粉蚜为多型性蚜虫，有干母、普通型、性母、有性型4种。干母、普通型、性母均为雌性，行孤雌卵生，形态相似，体椭圆形，长约 0.8 mm，全体鲜黄色，有光泽，腹部无腹管及尾片，无翅。有性型体长椭圆形，体型略小，雌 0.47 mm 左右，雄 0.35 mm 左右，体鲜黄色，口器退化。卵椭圆形，产生干母的卵长 0.33 mm，淡黄色；产生普通型和性母的卵，体长 0.26~0.3 mm，黄绿色；产生有性型的卵，雌卵长 0.4 mm，雄卵长 0.36 mm，黄绿色。若虫淡黄色，形似成虫，仅虫体较小。

（3）发生规律。梨黄粉蚜 1 年发生 10 余代，以卵在树皮裂缝或枝干上残附物内越冬。次年梨树开花时卵孵化，若虫先在翘皮或嫩皮处取食为害，之后转移至果实萼洼处为害，并继续产卵繁殖。梨黄粉蚜喜阴忌光，多在背阴处栖息为害，套袋处理的梨果更易遭受其害。成虫活动力差，传播主要靠梨苗输送、转移等方式。高温低湿或低温高湿都对梨黄粉蚜活动不利。不同梨树品种的受害程度也有差异，无萼片的梨果受害轻于有萼片的梨果。老树受害重于幼树，地势高处较地势低处受害轻。

（4）防治方法

1）人工防治。冬、春季彻底刮除老翘树皮及树体残附物，清除越冬卵。

2）药剂防治。在 7~8 月梨黄粉蚜为害梨果期，喷施 50%辟蚜雾 2 500 倍液，或 2.5%绿色功夫 2 000 倍液、1.8%阿维菌素 3 000~4 000 倍液等。

11. 梨实蜂

（1）为害症状。在梨梢长至 6~7 cm 时，梨实蜂成虫产卵，并用锯状产卵器锯伤新梢，新梢被锯后萎缩下垂，干枯脱落。幼虫在残留小枝内蛀食。梨实蜂只为害梨。成虫在花萼上产卵，被害花萼出现 1 个稍鼓起的小黑点，很像蝇粪，剖开后可见一长椭圆形的白色卵。幼虫在花萼基部内环向串食，萼筒脱落之前转害新幼果。受害花萼如图 6-25 所示。

（2）形态特征。梨实蜂成虫体长约 5 mm，为黑褐色小蜂。翅淡黄色，透明。雌虫为褐色，雄虫为黄色。足为黑色，先端为黄色。卵白色，长椭圆形，将孵化时为灰白色。长 0.8~1 mm。幼虫（见图 6-26）体长

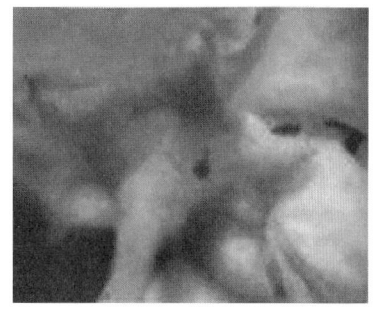

图 6-25 被梨实蜂侵害的花萼

7.5~8.5 mm。老熟时头部为橙黄色，尾端背面有 1 块褐色斑纹。蛹为裸蛹，长约 4.5 mm，初为白色，后渐变为黑色。茧黄褐色，形似绿豆。

（3）发生规律。梨实蜂 1 年发生 1 代，以老熟幼虫在土中做茧越冬，杏花开时羽化为成虫。羽化后先在杏、李、樱桃树上取食花蜜，梨花开时，飞回梨树上为害。幼虫长成后（约在 5 月）即离开果实落地，钻入土中做茧。各品种梨树受害程度不同，开花早的品种受害较重。

（4）防治方法

1）人工防治

①利用梨实蜂成虫假死性，组织力量于清晨在树冠下铺上布单，然后振动枝干，使成虫落在布单上，集中消灭。应在成虫尚栖息于杏、李、樱桃树上时，就开始捕捉；其转移到梨花丛间后，仍要在早花品种上继续捕捉。

②成虫产卵后，如果卵花率较低，可摘除卵花；如果卵花多，可摘除花萼（或叫摘花帽），但不可行之过晚，待幼虫已钻入果内再行此法则无效。

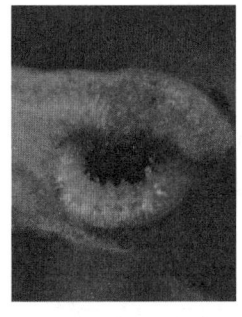

图 6-26 梨实蜂幼虫

2）药剂防治

①在梨实蜂成虫出土前期，即梨树开花前 10~15 天，用辛硫磷微胶囊剂 300 倍液或 50%辛硫磷乳剂 1 000 倍液，着重喷洒在树冠下范围内。

②根据成虫发生期短、集中产卵为害的特点，于梨花尚未开（含苞欲放）、梨实蜂成虫即将为害梨花时，抓紧喷施 2.5%天王星乳剂 3 000 倍液。如果梨实蜂发生很多，应在刚落花时再喷一次。为了提高防治效果，要按各品种物候期，分别于初花期用药。

12. 梨茎蜂

（1）为害症状。梨茎蜂俗称折梢虫、剪枝虫、剪头虫等，分布在中国各梨产区，是梨树主要害虫之一，管理粗放的梨园受害较严重。新梢生长至 6~7 cm 时，梨茎蜂成虫产卵，并用锯状产卵器将新梢 4~5 片叶处锯伤，再将伤口下方 3~4 片叶切去，仅留叶柄。新梢被锯后萎缩下垂，干枯脱落，如图 6-27 所示。幼虫在残留小枝内蛀食。

（2）形态特征。梨茎蜂成虫体长 7~10 mm，体黑色，有光泽。触角丝状，黑色。口器、前胸背板后缘两侧、翅基、后胸两侧、后胸背板后端和足均为黄色。翅透明，翅脉黑褐色。雌虫腹部内有锯状产卵器。幼虫共 8 龄。体长 8~11 mm，头黄褐色。体稍扁平，头胸下弯，尾部上翘，胸足极小，无腹足。蛹全体白色，为裸蛹，羽化前变黑色，复眼红色。卵长椭圆形，白色，半透明，稍弯曲。

图 6-27 被梨茎蜂侵害的新梢

（3）发生规律。南方地区梨茎蜂 1 年发生 1 代，老熟幼虫在被害枝内越冬。3 月底至 4 月初成虫开始由被害枝飞出，在晴朗天气 10—13 时活跃、飞翔、交尾和产卵，低温阴雨天和早晚在叶背静伏不动。4 月上旬产卵，卵于 5 月上旬开始孵化，6 月中旬孵化结束。

幼虫6月下旬全部蛀入老枝，8月上旬全部在老枝内休眠，翌年1月上旬化蛹，3月下旬化蛹结束。

（4）防治方法

1）人工防治。应在成虫产卵结束后，及时剪除被害新梢，只要在断口下3~4 cm处剪除，就能将虫卵全部消除。此法对幼树效果很好。梨树落花期，成虫喜聚集，易于发现，可在早晚或阴天成虫不活动时将其振落捕杀。

2）药剂防治。可在成虫发生高峰期新梢长至5~6 cm时，喷90%敌百虫1 000倍液等。喷药的最佳时间是中午前后，应在2天内突击喷完。

13. 梨瘿蚊

梨瘿蚊俗称梨芽蛆、梨红沙虫、梨叶蛆，属双翅目瘿蚊科，专门为害梨树新梢、嫩叶，是梨树上近些年新发生的一种害虫。

（1）为害症状。梨瘿蚊主要以幼虫为害嫩叶。初期症状与梨二叉蚜为害症状相似。嫩叶叶尖或叶缘先受害，叶面向内侧卷曲，然后叶的一边或两缘纵卷呈筒状（见图6-28）。被害叶逐渐褪绿，质地硬脆，最后变黑脱落（蚜虫为害后的叶片质地略软，且不易脱落），严重时还可引起秃梢。被害卷叶剥开后，可看到橘红色幼虫（见图6-29）。受害梨树的春梢、夏梢叶片脱落多，秋梢抽发纤细，花芽分化不良。

 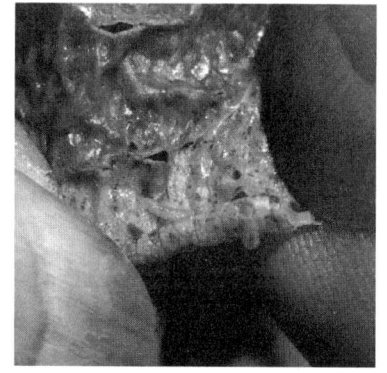

图6-28 被梨瘿蚊侵害的叶片　　图6-29 被害卷叶内可见梨瘿蚊幼虫

（2）形态特征。梨瘿蚊的发育要经过成虫、卵、幼虫（蛆）、蛹四个时期。雄虫很小，体长1.2~1.6 mm，翅展约3.5 mm，体暗红色，头部小，前翅具蓝紫色光泽，平衡棒（后翅）淡黄色，足细长，淡黄色。雌虫体长较雄虫大，为1.4~1.8 mm，翅展3.3~4.3 mm，足较雄虫短，腹末有长约1.2 mm的管状伪产卵器。卵很小，长椭圆形，长约0.28 mm，宽约0.07 mm。初产时卵为黄色，孵化前为橘红色。幼虫共4龄，长纺锤形，似蛆，1~2龄幼虫无色透明，3龄幼虫半透明，4龄幼虫分节明显，乳白色，之后渐老化，颜色由乳白色到白色、橙黄色，最后变为橘红色，老熟幼虫体长1.8~3.2 mm。蛹为裸蛹，初为橘红色，临羽化时呈黑褐色，长1.6~1.8 mm。蛹外有长1.9~2.2 mm的椭圆形灰白色胶质茧。

（3）发生规律。梨瘿蚊一年发生2~4代，以老熟幼虫（蛆）在树盘下表土层越冬，2 cm深处最多，最深达6 cm，也有少数在大树的树干翘皮裂缝中越冬。翌年3月中旬梨芽开绽时，越冬代成虫出现。早期出现的越冬代成虫，因梨树尚未萌芽，无处产卵而死亡。4月上旬为越冬代成虫盛发期。成虫多将卵产在嫩梢上密集而未展开的芽、叶缝隙中，少数产在芽叶表面。5~6天幼虫孵化后即钻入芽内群集为害，4月中旬为第1代幼虫盛发期。幼虫畏光，触动时见光即弹跳。被害叶片变黑枯落。5月上旬第1代成虫开始产卵为害。从4月中上旬开始，芽叶出现黄色斑点，随后叶面变得凹凸不平，叶片正面自两侧边缘紧密纵卷呈双筒状，并越卷越紧，幼虫居其中吸食叶片汁液，同时分泌刺激性物质，使叶肉组织肿胀、变脆，叶片不能展开，或干枯而提前脱落。

（4）防治方法

1）冬季深翻。翻土深度应在6 cm以上，在寒冻的冬天进行，害虫死亡率高。

2）春季刮皮结合灌水。刮除粗老翘皮，并于3月用大量水漫灌，可有效消灭越冬幼虫。另外，还应人工摘除有虫叶片，清除落叶，减少虫口。

3）药剂防治。雨后成虫大量羽化出土，降雨时幼虫会集中脱叶入土，这两个时期可对地面喷施40.75%毒死蜱400倍液（每亩喷施药液150 kg）或50%辛硫磷乳油2 000倍液。树上喷药主要可防治越冬代（盛花末期到落花80%时喷）和第1代成虫产卵（5月初喷），可喷施20%啶虫脒8 000倍液。

14. 白星花金龟

白星花金龟又名白星金龟子、白星花潜、白纹铜花金龟。属于鞘翅目，食害芽、嫩叶、果实、花等，引起落果和果实腐烂。其幼虫为害幼根。

（1）为害症状。成虫为害芽（主要啃食嫩尖）、嫩叶（显示缺刻状）、幼果皮（啃成伤痕），常常数头群集啃食虫伤处，将果实啃食成洞，直至果实腐烂脱落，如图6-30所示。

（2）形态特征。成虫体长18~24 mm，宽9~12 mm，椭圆形，背面黑铜色，稍带绿色或紫色闪光，上面分散着多个不规则白色毛斑。触角深褐色，雄虫棒部长，雌虫棒部短。前胸背板为钟形，分布密集小刻点和不规则的白色毛

图6-30 白星花金龟为害果实

斑 10 余个。鞘翅宽，近方形，上面有不规则的白色毛斑。腹面每个腹节两侧均有 1 个白色毛斑。臀板上有 1 对白色毛斑。卵为圆形或椭圆形，长约 1.8 mm，乳白色，光滑。幼虫体长 35 mm 左右，肥大，头较小，褐色，胴部白色，弯曲呈"C"形。肛腹片上有 2 纵行刺毛，呈倒"U"形排列。蛹长 22 mm 左右，卵圆形，初为乳白色，渐变为黄褐色，羽化前为暗褐色。

（3）发生规律。白星花金龟 1 年发生 1 代，幼虫在土里越冬，春季化蛹。化蛹集中在 4 月下旬到 6 月下旬。成虫最早出现于 5 月上旬，6—7 月发生较多，9 月下旬开始死亡。成虫在高温时活动频繁，喜食各种果树的成熟果实，特别是受伤的果实，对糖醋液趋性强，具有假死性，温度高时受惊扰飞走，温度低时假死掉落。成虫交尾后，喜产卵在腐殖质多的土中，卵期 7~11 天。幼虫为害地下根系，以腐殖质为食。第二年春季，幼虫老熟后在土层深处化蛹。

（4）防治方法。

1）人工防治。利用其假死性，早晚振动捕杀成虫。

2）物理防治。在果园中悬挂一个糖醋液诱捕小容器或者装有熟烂果加糖液的诱捕器，诱杀成虫。

3）化学防治。可土施辛硫磷类农药，在幼虫出土前将其杀灭。在梨树开花前，结合防治其他害虫，全树喷施 10% 联苯菊酯乳油 3 000 倍液。

6.2.2 山楂叶螨

山楂叶螨主要为害梨、苹果、桃、樱桃、山楂、李等多种果树。

1. 为害症状

山楂叶螨常群集叶背拉丝结网，于网下取食叶片汁液，叶片被害后出现成块失绿斑点，严重时叶片变红褐色，易出现早期脱落，如图 6-31 所示。

2. 形态特征

（1）成螨。雌成螨卵圆形，体长 0.54~0.59 mm，冬型鲜红色，夏型暗红色。雄成螨体长 0.35~0.45 mm，体末端尖削，橙黄色。

（2）卵。卵为圆球形，春季产的卵呈橙黄色，夏季产的卵呈黄白色。

（3）幼螨。初孵幼螨体圆形，黄白色，取食后为淡绿色，3 对足。

（4）若螨。若螨 4 对足。前期若螨体背开始出现刚毛，两侧有明显墨绿色斑，后期若螨体较大，体形似成螨。

3. 发生规律

北方地区山楂叶螨一年发生 6~10 代，以受精雌成螨在主干、主枝和侧枝的翘皮、裂

图 6-31　山楂叶螨及被害叶片

注：图片来源于王国平、窦连登主编的《果树病虫害诊断与防治原色图谱》。

缝、根颈周围土缝、落叶及杂草根部越冬，第二年苹果花芽膨大时开始出蛰为害，花序分离期为出蛰盛期。山楂叶螨出蛰后一般多集中于树冠内膛局部为害，后逐渐向外堂扩散。9—10月开始出现越冬的受精雌成螨。高温干旱条件下山楂叶螨发生和为害严重。

4. 防治方法

（1）生物防治。保护利用天敌是防治山楂叶螨的有效方法之一。首先，减少广谱农药使用量或改变其使用方式；其次，改善生态环境，如在果园种植大豆、苜蓿等作物，为山楂叶螨的天敌昆虫提供食料和栖息场所；最后，可引进有效的天敌。

（2）人工防治。可在萌芽前刮除翘皮、粗皮，并集中烧毁，消灭大量越冬虫源。

（3）化学防治。可于出蛰期喷药，可用的药剂有50%硫悬浮剂200倍液、73%克螨特2 000倍液。也可于生长期喷药，可用的药剂有50%硫悬浮剂400倍液、20%螨死净2 500~3 000倍液、1%阿维虫清3 000~4 000倍液、240 g/L螺螨酯悬浮剂4 000倍液。

6.2.3　线虫

线虫以多种果树为寄主。梨树根际土壤以21 cm土层线虫总数量最多，寄生线虫主要集中在15~20 cm土层中。从水平分布看，线虫在距根基部50 cm处稀少，距离根越近，线虫总数量越多。树龄短的梨树根际土壤中的线虫多于树龄长的梨树。土壤湿度对线虫影响大，土壤湿度大利于线虫传播。

1. 为害症状

线虫中的根腐线虫使根系生长受限制，幼树不能产生大量初生根，根系缺乏吸收营养的小细根，或有一些短的、坏死的成丛的细根，很像丛枝病。如果其他土传病原菌和一些腐生微生物和根腐线虫一起存在，则会导致毁灭性损害。

2. 形态特征

根腐线虫雌雄异体。幼虫呈细长蠕虫状。雄成虫呈线状，尾端稍圆，无色透明，大小为（1~1.5）mm×（0.03~0.04）mm。雌成虫呈梨形，多埋藏在寄主组织内，大小为（0.44~1.59）mm×（0.26~0.81）mm。该种雌虫会阴区图纹近似圆形，弓部低而圆，背扇近中央和两侧的环纹略呈锯齿状，肛门附近的角质层向内折叠形成一条明显的折纹，肛门上方有许多短的线纹。

3. 发生规律

根腐线虫在 2 龄幼虫至成虫期都能进入根系。4 龄幼虫和雌成虫侵入苹果与梨根系较多，是最重要的侵染阶段。雌成虫产卵于根组织的皮层内和土壤中。根腐线虫第 1 次蜕皮发生在卵中，产生 2 龄幼虫。从卵中孵化后，根腐线虫蜕皮 3 次以上，产生 3 龄、4 龄幼虫及成虫。幼虫在根系皮层组织内移动并吸食汁液，为害或致死根系细胞或小细根。

4. 防治方法

（1）检疫。应严格检疫苗木，防止线虫传入。

（2）农业防治。应提高树体忍耐线虫为害的能力，比如增加大量的有机质。

（3）物理防治。购买的苗木可用 50~55℃热水浸根 10~15 min。

（4）化学防治。购买的苗木可用杀线虫剂浸泡 10~15 min。

6.3 冬季病虫害防治

6.3.1 越冬病虫害

冬季到来，树体进入休眠期，枝干、落叶、树皮裂缝等为病虫提供了良好的越冬场所。病虫越冬的场所也就成为该时期主要的防治目标。梨黑星病、梨黑斑病、梨干腐病、梨轮纹病、梨褐斑病、梨小食心虫、梨星毛虫、梨二叉蚜等是该时期的主要防治对象。

6.3.2 防治药剂

1. 涂白剂

刮除树干上的粗皮及病斑后，用涂白剂涂刷主干及刮除部位。涂白剂有硫酸铜石灰涂白剂、硫黄石灰涂白剂、黄泥石灰涂白剂。梨树涂白剂的成分为石灰 2 kg、硫黄粉 1 kg、食盐 0.1 kg、水 6 kg。

2. 石硫合剂

在落叶后、萌芽前可用 3~5 波美度石硫合剂喷淋树体与地面。

3. 波尔多液

波尔多液为广谱性病害防治药剂，为保护剂。

6.3.3 防治方法

1. 刮粗皮及病斑

刮除病斑、老皮、翘皮、裂皮后，集中于园外烧毁，再使用涂白剂进行涂刷。

2. 剪除病枝

彻底剪掉病枝、枯枝、病芽并集中烧毁。

3. 清园

清扫落叶，清除残果，挖除病树、死树，然后将所有清除物集中于园外烧毁，可大大减小虫口密度。

4. 喷药

喷石硫合剂、机油乳剂等药剂。

6.4 综合防治技术

6.4.1 源头防治

1. 苗木的选择

应选择生长健壮、无病虫害的苗木，剔除无效苗（病虫苗、弱苗、折断苗、接芽碰落的芽苗）。

2. 植物检验检疫

苗木应不带国家规定的植物检疫性病虫害，如火疫病。

3. 病虫害预测预报

准确的病虫害预测预报，可以增强防治病虫害的预见性和计划性，因地制宜地制定最合理的综合防治方案，提高防治工作效果。

6.4.2 农艺防治

1. 加强树体管理

加强树体管理，增加树体抗性能够有效防治病虫害。可通过人工捕捉害虫、剪除病虫部位、刮老皮等工作，减少病虫源；通过疏花、疏果控产提质，提高树体抗性。

2. 合理修剪

梨树栽培中，合理修剪，能建立合理的树形，改善通风透光条件，调控营养生长和生殖生长，提高树体抗性，从而达到丰产、稳产。

3. 加强肥水管理

加强肥水管理，如增施有机肥，合理使用化肥控制徒长，增强树势。

4. 加强田间管理

整理沟系可以增强树势；土壤冬翻，适当的清耕、中耕可以减少病虫害发生。

6.4.3 物理防治

在害虫发生期，在园内安装杀虫灯，可诱杀趋光性害虫，1台杀虫灯可控制 1 hm^2，灯的安装高度以底部高出树冠叶幕层 50 cm 为宜；在园内挂放黄板，可诱杀蚜虫等对黄色敏感的害虫，一般间隔 10~20 m 挂放。

6.4.4 化学防治

1. 合理使用农药

（1）遵守农药安全使用规则，不使用违禁农药。

（2）遵循农药安全间隔期。

（3）做好安全防护措施，保护施药人员和畜禽安全，妥善处理剩余药液、药械和包装物。

（4）尽量减少用药，多采用物理防治、生物防治。

2. 喷药质量

要求均匀、周到、全方位喷布，以全覆盖不滴水为准。

3. 药害发生和防治

（1）药害的发生。药害是指用药后作物生长不正常或出现生理障害。药害有急性和慢性两种。前者在喷药后几小时至 3~4 天出现明显症状，如烧伤、凋萎、落叶、落花、落果；后者在喷药后较长时间才出现明显反应，如生长不良、叶片畸形、晚熟等。常见的药害症状是叶面出现大小、形状不等的不同色的斑点，局部组织焦枯，叶面穿孔或叶片脱落、叶片黄化、褪绿或变厚。

（2）药害的防治

1）选择对作物安全的农药。由于药剂理化性质的差异，不同药剂造成药害的程度也不同。一般无机杀菌剂最易产生药害，有机合成杀菌剂药害较小，植物性杀菌剂最安全，不易导致药害。同一类药剂，水溶性越大，导致的药害越重。如硫酸铜水溶性强，容易产生药害，与石灰混合配成波尔多液后，不溶于水，对作物较安全。有些可湿性粉剂的可湿性能差，粉粒粗大，易在水中沉淀，不及时搅拌会使下部药液浓度大，喷后易产生药害。

2）尽量选择作物耐药力强的时期施药。一般花期或苗期，易产生药害，因此花期尽量不喷药。

3）环境条件不同，受害程度不同。在气温高、湿度大、光照强的环境下，药剂活性高，作物代谢强，药剂易进入植物体内，引起药害。因此，尽量不要在高温天的中午喷药。

4）掌握正确的施药技术。应严格按照规定浓度、用量配药，稀释水要用河水或淡水。

5）采取补救措施。作物发生药害后应加强管理，适当补施氮肥并灌水，促使其尽快恢复生长。

4. 果品禁用农药名录

根据农业部公告第199号、第322号、第1586号、第2032号、第2445号，国家明令禁止使用的农药共39种，分别是：三氯杀螨醇、甲胺磷、甲基对硫磷、对硫磷、久效磷、磷胺、六六六、滴滴涕、毒杀芬、二溴氯丙烷、杀虫脒、二溴乙烷、除草醚、艾氏剂、狄氏剂、汞制剂、砷类、铅类、敌枯双、氟乙酰胺、甘氟、毒鼠强、氟乙酸钠、毒鼠硅、苯线磷、地虫硫磷、甲基硫环磷、磷化钙、磷化镁、磷化锌、硫线磷、蝇毒磷、治螟磷、特丁硫磷、氯磺隆、胺苯磺隆、甲磺隆、福美胂、福美甲胂。

限制使用、撤销登记的农药共17种，其中甲拌磷、甲基异柳磷、内吸磷、克百威、涕灭威、灭线磷、硫环磷、氯唑磷8种高毒农药不得用于蔬菜、果树、茶叶、中草药材。

6.4.5 生物防治

1. 保护和利用天敌

果园在大量使用农药消灭害虫的同时，也消灭了害虫的天敌，因此，保护天敌对害虫的发生起到一定的抑制作用，从而可减少化学农药的使用。

果园需要保护和利用的天敌通常有寄生性昆虫和捕食性昆虫（或螨）两类。果树行间种草有利于天敌的活动，树上喷药时，天敌可躲到草里取食。也可采取隔行树上喷药来保护天敌。此外，人工饲养某些害虫的天敌，有目的地释放在田间，能够有效抑制害虫发生。

2. 梨树生物防治技术应用

（1）利用天敌防治虫害。用米蛾卵人工饲养草蛉释放于田间，能防治多种蚜虫、鳞翅目的小幼虫和害螨。用植物花粉饲育捕食螨，定期有针对性地释放于果园，可控制害螨的发生。瓢虫是各种蚜虫的有效天敌。收集大量瓢虫释放于果园，可控制蚜虫。

（2）使用迷向丝防治梨小食心虫，防效期长，一个生长季只使用一次，无农药残留，无抗药性，对人、畜及害虫天敌无害。在春季越冬代成虫羽化前（上海地区约在萌芽前），将迷向丝悬挂于离地面 1.5 m 处，每 20 m² 悬挂一条，防治效果显著。

技能要求

刮树皮及树体保护

操作步骤

步骤一：刮除病斑。刮除梨树主干、主枝和副主枝上的病斑，位置、深度合适。
步骤二：配制防护剂。量取水 1.5 L、石硫合剂原液 1 L，并均匀混合。
步骤三：伤口防护。用药剂涂抹伤口，没有遗漏，药剂用量合适，节省药剂，不外洒。
步骤四：药液回收处理，清洗喷药桶，清理操作场地，将工具复位。
特别提示：安全操作，注意自身防护。

200 倍等量式波尔多液配制和喷洒

操作步骤

步骤一：准备好五水硫酸铜（以下简称硫酸铜）、生石灰，如图 6-32 所示。

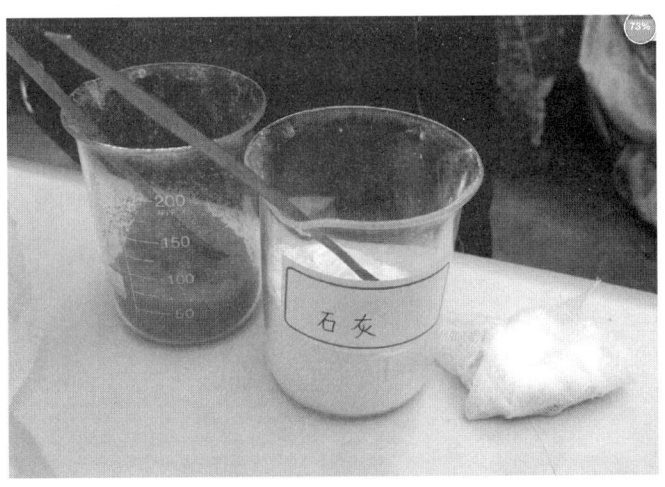

图 6-32　硫酸铜和生石灰

步骤二：将硫酸铜充分溶解在 8 kg 水中，如图 6-33 所示。将生石灰溶于水中，经纱布过滤，如图 6-34 所示。在石灰水中加水到 2 kg。

图6-33 配制硫酸铜溶液

图6-34 过滤生石灰溶液

步骤三：将两种溶液正确混合，搅拌，使溶液呈蔚蓝色悬浮液状，不沉淀，如图6-35所示。

步骤四：按要求喷药。喷药要求雾滴细，压力合适；喷头先朝上后朝下，喷洒时先里后外，先下后上，喷布均匀；叶片背面、正面沾药。

步骤五：药液回收到指定容器中，清洗喷药桶3遍，清理操作场地。

特别提示：安全操作，注意自身防护，戴帽子、口罩，顺风行进喷药。

图6-35 将生石灰溶液和硫酸铜溶液混合

200倍倍量式波尔多液配制和喷洒

操作步骤

步骤一：准备好硫酸铜、生石灰。

步骤二：将硫酸铜充分溶解在8 kg水中。将生石灰溶于水中，经纱布过滤。在石灰水中加水到2 kg。

步骤三：将两种溶液正确混合，搅拌，使溶液呈蔚蓝色悬浮液状，不沉淀。

步骤四：按要求喷药。喷药要求雾滴细，压力合适；喷头先朝上后朝下，喷洒时先里后外，先下后上，喷布均匀；叶片背面、正面沾药。

步骤五：药液回收到指定容器中，清洗喷药桶3遍，清理操作场地。

特别提示：安全操作，注意自身防护，戴帽子、口罩，顺风行进喷药。

二步法配制1 000倍液体农药和喷药

操作步骤

步骤一：准备好药剂、水。

步骤二：正确称量。量取10 L水倒入20 L的配药桶中，用量杯从中取约500 mL水，用200 mL烧杯从中装半杯水，正确量取10 mL药剂。

步骤三：正确配药。将10 mL药剂溶解在装有水的200 mL烧杯中，摇匀倒入配药桶。用量杯中的少量水冲洗烧杯3次，并将水倒入配药桶中，将剩余水倒入配药桶摇匀。

步骤四：正确喷药。将10 L配好的药水舀入喷药机内，进行喷药。喷药要求雾滴细，压力合适；喷头先朝上后朝下，喷洒时先里后外，先下后上，喷布均匀；叶面沾药液。

步骤五：药液回收处理，清洗喷药机，清理操作场地，将工具复位。

特别提示：安全操作，注意自身防护，戴帽子、口罩，顺风行进喷药。

二步法配制2 000倍液体农药和喷药

操作步骤

步骤一：准备好药剂、水。

步骤二：正确称量。量取10 L水倒入20 L的配药桶中，用量杯从中取约500 mL水，用200 mL烧杯从中装半杯水，正确量取5 mL药剂。

步骤三：正确配药。将5 mL药剂溶解在装有水的200 mL烧杯中，摇匀倒入配药桶。用量杯中的少量水冲洗烧杯3次，并将水倒入配药桶中，将剩余水倒入配药桶摇匀。

步骤四：正确喷药。将10 L配好的药水舀入喷药机内，进行喷药。喷药要求雾滴细，压力合适；喷头先朝上后朝下，喷洒时先里后外，先下后上，喷布均匀；叶面沾药液。

步骤五：药液回收处理，清洗喷药机，清理操作场地，将工具复位。

特别提示：安全操作，注意自身防护，戴帽子、口罩，顺风行进喷药。

二步法配制 1 000 倍固体农药和喷药

操作步骤

步骤一：准备好水、药剂。

步骤二：正确称量。量取 10 L 水倒入 20 L 的配药桶中，用量杯从中取约 500 mL 水，用 200 mL 烧杯从中装半杯水，正确量取 10 g 药剂。

步骤三：正确配药。将 10 g 药剂溶解在装有水的 200 mL 烧杯中，摇匀倒入配药桶。用量杯中的少量水冲洗烧杯 3 次，并将水倒入配药桶中，将剩余水倒入配药桶摇匀。

步骤四：正确喷药。将 10 L 配好的药水舀入喷药机内，进行喷药。喷药要求雾滴细，压力合适；喷头先朝上后朝下，喷洒时先里后外，先下后上，喷布均匀；叶面沾药液。

步骤五：药液回收处理，清洗喷药机，清理操作场地，将工具复位。

特别提示：安全操作，注意自身防护，戴帽子、口罩，顺风行进喷药。

二步法配制 2 000 倍固体农药和喷药

操作步骤

步骤一：准备好水、药剂。

步骤二：正确称量。量取 10 L 水倒入 20 L 的配药桶中，用量杯从中取约 500 mL 水，用 200 mL 烧杯从中装半杯水，正确量取 5 g 药剂。

步骤三：正确配药。将 5 g 药剂溶解在装有水的 200 mL 烧杯中，摇匀倒入配药桶。用量杯中的少量水冲洗烧杯 3 次，并将水倒入配药桶中，将剩余水倒入配药桶摇匀。

步骤四：正确喷药。将 10 L 配好的药水舀入喷药机内，进行喷药。喷药要求雾滴细，压力合适；喷头先朝上后朝下，喷洒时先里后外，先下后上，喷布均匀；叶面沾药液。

步骤五：药液回收处理，清洗喷药机，清理操作场地，将工具复位。

特别提示：安全操作，注意自身防护，戴帽子、口罩，顺风行进喷药。

 **本章测试题**

单项选择题（选择一个正确的答案，将相应的字母填入题内的括号中）

1. 容易得火疫病的是（　　）。
 A. 秋子梨　　　B. 白梨　　　C. 砂梨　　　D. 西洋梨
2. 梨园周围种植松柏树容易引发（　　）。
 A. 梨黑星病　B. 梨锈病　　C. 梨黑斑病　　D. 梨轮纹病
3. 南方容易发生梨黑星病的气候条件是（　　）。
 A. 高温多雨　　　　　　　B. 4—5月或9月多雨天气
 C. 高温少雨　　　　　　　D. 寒冷冬季
4. 防治梨轮纹病有效、环保的方法是（　　）。
 A. 使用波尔多液　　　　　B. 刮除病斑
 C. 使用石硫合剂　　　　　D. 刮除病斑，用石硫合剂涂布刮口
5. 梨炭疽病主要为害梨树的（　　）。
 A. 果实　　　B. 新叶　　　C. 老叶　　　D. 根系
6. 生产中（　　）与预防梨树病虫害有关。
 A. 品种　　　B. 管理　　　C. 天气　　　D. 以上都是
7. 梨瘿蚊的主要越冬场所是（　　）。
 A. 病果　　　B. 枝条　　　C. 土壤　　　D. 落叶
8. 山楂叶螨为害严重的天气条件是（　　）。
 A. 多雨　　　B. 低温　　　C. 高温干旱　　D. 干旱

 **本章测试题答案**

单项选择题

1. D　2. B　3. B　4. D　5. A　6. D　7. C　8. C

第 7 章

安全优质果品生产

7.1 果品安全生产 /116
7.2 梨果安全生产认证 /122

学习目标

◆ 了解《中华人民共和国农产品质量安全法》（以下简称《农产品质量安全法》）内容，认识果品安全生产和标准化生产的意义。

◆ 掌握果品质量安全生产的关键控制点和纠偏措施。

◆ 了解建立生产管理档案的重要性，能够建立果园的各类档案。

◆ 了解无公害产品、绿色食品和有机产品的基本概念、认证要求、认证流程和标志。

知识要求

7.1 果品安全生产

7.1.1 安全生产相关法律规定

1. 农产品安全生产基本知识

（1）数量安全。农产品的数量安全是指农产品在数量和结构上满足食用、饲用、工业用等用途需求。

（2）质量安全。农产品的质量安全是指农产品质量符合保障人的健康、安全的要求。农产品质量考量维度如图 7-1 所示。

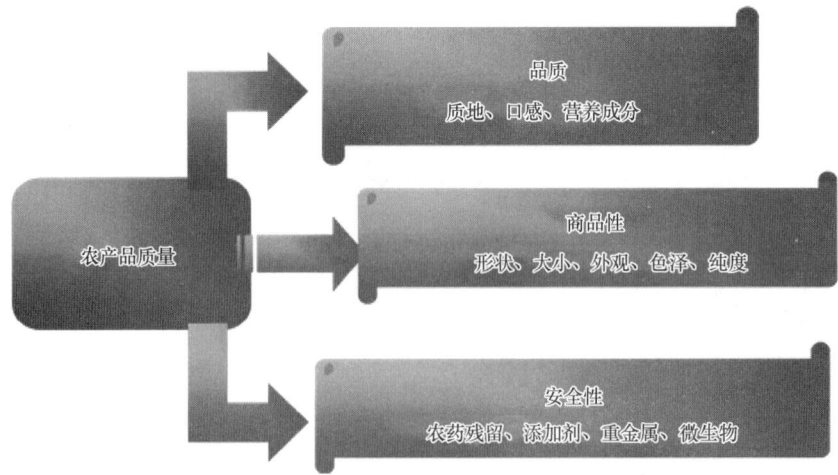

图 7-1 农产品质量考量维度

2. 农产品质量安全法律法规

我国农产品质量安全法律法规体系涉及农产品标准、产地环境、投入品、生产、销售、管理等环节，主要涉及的法律法规有《中华人民共和国标准化法》（以下简称《标准化法》）、《中华人民共和国标准化法实施条例》（以下简称《标准化法实施条例》）、《农产品质量安全法》《中华人民共和国食品安全法》（以下简称《食品安全法》）、《中华人民共和国农业法》（以下简称《农业法》）、《中华人民共和国环境保护法》（以下简称《环境保护法》）、《农产品产地安全管理办法》《农药管理条例》《兽药管理条例》《饲料和饲料添加剂管理条例》等，见表7-1。

表 7-1　　　　　　　　农产品质量安全相关法律法规

法律法规名称	公布时间	实施时间	内容	备注
《标准化法》	1988-12-29	2018-01-01	6章45条	2017年修订
《标准化法实施条例》	1990-04-06	1990-04-06	6章44条	—
《农产品质量安全法》	2006-04-29	2018-10-26	8章56条	2018年修正
《食品安全法》	2009-02-28	2018-12-29	10章154条	2015年修订，2018年修正
《农业法》	1993-07-02	2013-01-01	13章99条	2002年第一次修订，2009年、2013年两次修正
《环境保护法》	1989-12-26	2015-01-01	7章70条	2014年修订
《农产品产地安全管理办法》	2006-10-17	2006-11-01	6章27条	—
《农药管理条例》	1997-05-08	2017-06-01	8章66条	两次修订
《兽药管理条例》	2004-03-24	2016-02-06	9章75条	两次修正
《饲料和饲料添加剂管理条例》	1999-05-29	2017-03-01	5章51条	五次修正

（1）产地环境安全方面。产地环境安全与否直接关系到农产品的质量安全。涉及农产品产地环境安全的法律法规如下。

《农业法》第六十五条　农产品采收后的秸秆及其他剩余物质应当综合利用，妥善处理，防止造成环境污染和生态破坏。

《农产品质量安全法》第十九条　农产品生产者应当合理使用化肥、农药、兽药、农用薄膜等化工产品，防止对农产品产地造成污染。

《农产品产地安全管理办法》第二十二条　农产品生产者应当合理使用肥料、农药、兽药、饲料和饲料添加剂、农用薄膜等农业投入品。禁止使用国家明令禁止、淘汰的或者未经许可的农业投入品。农产品生产者应当及时清除、回收农用薄膜、农业投入品包装物等，防止污染农产品产地环境。

（2）安全生产方面。我国农药、兽药、饲料添加剂等与安全生产有关的投入品的生产、经营均实行许可制度。涉及农产品安全生产的法律法规如下。

《**农产品质量安全法**》**第二十四条**　农产品生产企业和农民专业合作社经济组织应当建立农产品生产记录,如实记载下列事项:(一)使用农业投入品的名称、来源、用法、用量和使用、停用的日期;(二)动物疫病、植物病虫草害的发生和防治情况;(三)收获、屠宰或者捕捞的日期。农产品生产记录应当保存二年。禁止伪造农产品生产记录。国家鼓励其他农产品生产者建立农产品生产记录。

《**农产品质量安全法**》**第二十五条**　农产品生产者应当按照法律、行政法规和国务院农业行政主管部门的规定,合理使用农业投入品,严格执行农业投入品使用安全间隔期或者休药期的规定,防止危及农产品质量安全。禁止农产品生产过程中使用国家明令禁止使用的农业投入品。

《**农产品质量安全法**》**第二十六条**　农产品生产企业和农民专业合作经济组织,应当自行或者委托检测机构对农产品质量安全状况进行检测;经检测不符合农产品质量安全标准的农产品,不得销售。

(3)农产品质量方面。法律法规主要就农产品质量安全、包装标识、质量认证、检验检测、事故报告和处理等做出相关规定。相关法律法规除前面罗列的外,还有《农产品包装和标识管理办法》《中华人民共和国产品质量法》《中华人民共和国认证认可条例》等。

(4)农产品质量安全处罚方面。违反相关法律法规规定的人员有两类,一类是生产者,另一类是监管者。相关法律法规有《最高人民法院、最高人民检察院关于办理危害食品安全刑事案件适用法律若干问题的解释》(2013年5月4日起实施)。

7.1.2　安全生产全程管理

为科学合理使用农业投入品,提升农产品质量安全,特制定安全生产全程管理制度,如图7-2所示。

1. 农资投入品管理

(1)果树种苗管理使用制度。无公害农产品生产严格控制种苗来源,购买和使用的种苗必须具备种苗生产许可证、种苗质量合格证;引进种苗必须有检疫证明;有专门的种子仓库和保管人员,种子应有详细的进库、出库记录;过期种子应及时清理。

(2)农药管理使用制度。农药使用应严格执行国家颁布的《农药合理使用准则》。

(3)肥料管理使用制度。肥料使用应严格执行《肥料合理使用准则》,根据作物生长需要和生产规范要求平衡施肥,使用经过无害化处理的有机肥,适当使用符合规定的化肥。

2. 生产管理档案建立管理

果树生产管理档案,是果树生产历史和现状的真实记录,也是总结经验的事实依据。

图 7-2　安全生产全程管理制度

从果园规划设计、建园施工之日起，应有专人常年不断地对果园的各项生产活动及其结果，按照一定的计划或项目规范地记录下来，并在一定时期（按季节、年度）将这些原始材料整理成册并归类。通常将果树生产管理档案分为：建园档案、技术管理档案、生长发育及物候期档案、植物保护（病虫害防治）档案、果品产量及质量档案、管理成本与收益档案和其他类档案。

以上档案是必不可少的，有的果园还可以再分设科学实验档案、职工技术考核档案、本地气候档案等。几种主要档案的介绍如下。

（1）建园档案。建园档案是从果园策划立意，到规划设计、栽植施工、幼树管理阶段的档案，根据果园小区（地块）或树种布局的情况记载，可以按施工进程记，也可以一次性记载。内容应包括：第一，建园决定、指令、批示、方针、依据、树种、品种、预期产量、经营方向；第二，自然、社会、经济情况；第三，果园规划设计情况，包括设计、图纸、说明和有关资料（包括土壤改良措施、灌溉系统、道路设置、定植方式等）；第四，栽植后管理，包括成活率、补栽情况等；第五，主持人、技术负责人、施工执行人名单和各项工作劳力支出情况，责任制，实施效率及结果评议；第六，建园过程中气象情况。

（2）技术管理档案。按果园小区（地块）或树种记载技术管理档案。内容应包括管理计划、指标要求、技术措施、实施情况、阶段总结等。

（3）生长发育及物候期档案。果树生长发育及物候期档案按树种、品种记载，主要包括物候期和树体状况。

（4）植物保护档案。植物保护档案的内容应包括病虫害种类、发生流行规律、天敌种类、数量、病虫害防治措施、与环境条件的关系等。

（5）果品产量及质量档案。果品产量、质量主要指从果树上采收下来的新鲜果实的产量、质量。另外，贮藏果品、加工品、分装的小包装果品也应记载其产量、质量。

（6）管理成本与收益档案（财务档案）。这部分档案，对于果园经营者是很重要的，一般都由会计、出纳、保管员专人分管。应在严格的财务和物资管理制度下建立档案。

许多资料、数据可能分散掌握在一线管理人员的手中，如记录在日记、笔记本甚至一些纸片上，或是财务人员的出入账单上。应对这些分散材料进行收集、整理、分类、装订、立卷，有的要补充文字说明材料或总结。经过系统整理、分类、装订、立卷的归档档案，为果园提高管理水平提供依据。随着规范化管理、标准化果园建设和信息技术的发展，果园档案管理会逐步健全。

3. 安全生产操作管理

安全果品是指生长环境、生产过程及包装、贮存、运输中未被有害物质污染，或虽有轻微污染但符合食品安全规定、对人体健康无害的果品。随着人民生活水平的逐步提高，人们对果品质量安全的要求越来越高。果品质量安全问题已成为制约我国果业发展的重要因素。加强果品安全生产，全面提高果品品质，对于保障人们身体健康、保护生态环境、推动优质高效农业发展、增加农民收入具有十分重要的现实意义。安全果品生产过程如图7-3所示，具体内容如下。

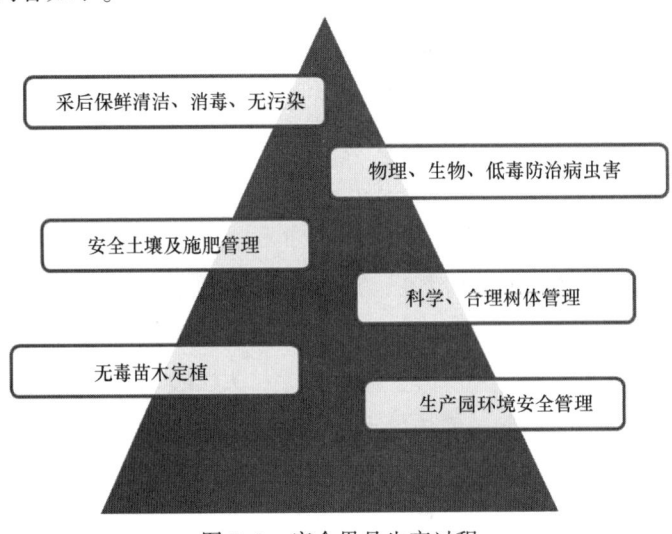

图 7-3　安全果品生产过程

(1) 果园建立

1) 建园基础条件。安全果品生产园地周围应有良好的生态环境，不能有工矿企业，并应远离城市、公路、机场、车站、码头等，以避免有害物质的污染。建园前要对园址的大气、土壤、灌溉水进行监测，符合标准的才能确定为待建园地；果园内要清洁，不得堆放工矿废渣、废石及城市垃圾；灌溉水要清洁无毒，禁用工业废水和城市污水灌溉，防止重金属、农药等有害物质对果园土壤和灌溉水造成污染。这些是生产安全果品的基础条件。

2) 高标准建园。建园的高标准包括栽植无毒健壮的一级苗木，保证品种纯度和无毒化；注重授粉品种的选择与配置。

(2) 树体和花果管理措施

1) 建立高光效树体结构，改善通风透光条件。合理修剪果树树体，保证果树对光的需要，解决果园群体之间、个体之间、营养生长与生殖生长之间的矛盾，使果园通风透光良好。

2) 疏花定果。果树自花授粉率低，一般采用配置授粉树和人工授粉的方式提高座果率。但对花量过大、座果过多、树体负担过重的树要进行疏花疏果。

3) 果实套袋。果实套袋是防止果实污染、提高果实洁净度和外观品质的重要措施，同时可以防止农药、尘埃及病虫对果实的直接污染和侵害，降低农药残留量。目前生产上应用较多的果袋是双层纸袋。套袋前应喷杀虫杀菌剂防治病虫害。应选用疏水性好、耐雨水冲刷、遮光性好、柔韧透气性好、不易破碎的优质果袋。

4) 及时清理果园。果品收获季节，要及时清理果园，将病株残体、烂叶、杂草、废弃物等清理干净。在果树生长期也要及时清理病株、病叶、病果等并将其销毁或深埋，从而减轻病害的传播和蔓延。

(3) 施肥原则。要生产安全果品，选择肥料时必须遵循以下原则：一是养分充足，二是所施的肥料不对果园环境和果实品质产生不良影响。施肥时提倡多使用有机肥，合理科学使用化肥。

(4) 病虫害防治。在果品生产中，通过重视、保护天敌，加强农业技术措施，运用物理、生物、性诱杀等方法防治病虫害。应严格控制高毒、高残留化学农药的使用，多使用生物农药，尽量减少化学农药使用量。

1) 生物防治。生物防治即以虫治虫，利用害虫天敌进行生态控制。如利用肉食瓢虫、草蛉捕食蚜虫、介壳虫、螨类等害虫，效果均特别显著。

2) 人工捕杀。人工捕杀即利用害虫的假死性、趋光性对其进行捕杀。在果品生产中，使用黑光灯方便、成本低、安全，能保护环境，既可监测又可防治，而且对害虫种群结构起到调整作用，使之趋于生态平衡，降低虫果率效果明显，是实现安全果品生产的重要措施。

3）施用生物农药（包括微生物源农药、植物源农药）。目前适用于果树的生物农药主要有农抗120、多氧霉素、阿维菌素、除虫菊素、大蒜素、苦参碱、烟碱、灭幼脲3号、害立平、抗蚜威等。

4）利用性引诱剂。利用性引诱剂对害虫进行预测、预报和防治，可以较好地解决无趋光性害虫成虫预测、预报的问题，减少化学农药的使用，有效地保护和利用天敌，是生产安全果品的一项较好措施。例如，桃小食心虫性引诱剂诱芯诱杀活性较高，可明显降低田间蛾量和卵果率。

5）安全使用化学农药。应选用低毒、低残留农药，如吡虫啉、三唑锡、大生M-45、福星、喷克、代森锰锌等。应有限度地使用中毒农药，严禁使用高毒、高残留农药和"三致"（致癌、致畸、致突变）农药。为了减少农药污染，除了注意选用农药的品种以外，还要严格控制农药的施用量，应在有效浓度范围内尽量用低浓度农药进行防治；施药次数要根据药剂的残效期和病虫害发生程度来定，以预防为主，不要随意提高用药剂量、浓度和次数。应从改进施药方法和喷药质量方面来提高药剂的防治效果。另外，在采果前20天应停止施药，以确保果品的安全性。

（5）采后处理技术。采后处理过程主要包括果品的分级、包装、贮藏、运输等环节。用于果品包装的纸箱、箱板、隔板、果垫、包装纸、胶带均应清洁、无毒、无异味。果品贮藏期不许使用化学药品保鲜，应放在果品专用的气调库、恒温库内贮藏；库内要通风，保持清洁卫生、无异味；箱装果品不要直接着地和靠墙；注意防鼠、防潮。运输果品的工具要清洁卫生，不能与有毒、有害、有异味的物品混装。

在包装、贮藏保鲜过程中严防果品污染，对取得安全生产认证证书的果品进行商标注册，挂牌销售，保护生产者和消费者利益。

7.2 梨果安全生产认证

7.2.1 果品认证类型

1. 无公害农产品

无公害农产品是指有毒有害物质控制在安全允许范围内，符合无公害农产品要求的农产品，或以此为主要原料并按无公害农产品生产技术操作规程加工的农产品，是最基本的市场准入条件。

无公害农产品标志如图 7-4 所示。

2. 绿色食品

绿色食品是指产自优良生态环境、按照绿色食品标准生产、实行全程质量控制并获得绿色食品标志使用权的安全、优质食用农产品及相关产品。

绿色食品标志如图 7-5 所示。

图 7-4　无公害产品标志

图 7-5　绿色食品标志

3. 有机产品

有机产品（organic product）是根据有机农业原则和有机产品生产方式及标准生产、加工出来，并通过合法的有机产品认证机构认证并颁发证书的一切农产品。

中国有机产品认证标志如图 7-6 所示。

7.2.2　认证要求、流程及区别

1. 无公害农产品认证要求、流程

（1）无公害农产品认证要求。无公害农产品产地

图 7-6　中国有机产品认证标志

环境必须经有资质的检测机构检测，土壤等符合国家无公害农产品生产环境质量要求，产地周围 3 km 范围内没有污染企业，蔬菜、茶叶、果品等产地应离交通主干道 100 m 以上。无公害农产品产地应集中连片，产品相对稳定，并具有一定规模。果品符合无公害认证要求。

（2）无公害农产品认证流程

1）所需材料（一式三份）

①《无公害农产品产地认定与产品认证申请和审查报告》。

②资质证明文件。

③无公害农产品生产质量控制措施。

④无公害农产品生产操作规程。

⑤生产过程记录档案（复印件）。

⑥无公害农产品内检员证书（复印件）。

⑦产地认定证书（复印件）。

⑧产品检验报告。

⑨其他相应材料。"公司+农户"或"协会+农户"形式的需提供公司或协会和农户签订的购销合同范本及对农户的管理措施或协议文本2~3份、农户花名册；有商标注册证的，提供商标注册证的复印件。

⑩《无公害农产品产地认定与产品认证现场检查报告》。

其中材料①~⑨由申请人提供，材料①中内容由申请人、市县级、省级分中心和部中心共同填写完成，材料⑩由派出机构现场检查组提供。

2）办理程序

①市县级工作机构受理申请材料。申请人首先提交申请材料到市县级工作机构，市县级工作机构受理申请，进行形式审查，并组织检查员进行现场核查。

②省级工作机构初审。省级工作机构对申请材料进行符合性确认，进行产地认定审核，通过则颁发产地证书，并上报农业部农产品质量安全中心进行认定产地备案；同时对产品证书申报进行初审。

③专业认证分中心复审。专业认证分中心对申请进行复审，如果需要现场审核，委派检查员进行现场核查。

④农业部农产品质量安全中心终审。农业部农产品质量安全中心审核处对申报进行终审，并报送农业部农产品质量安全中心主任签批。

⑤制证发证。农业部农产品质量安全中心办公室制作并发放证书。

2. 绿色食品认证要求、流程

（1）绿色食品认证要求。绿色食品分为A级绿色食品和AA级绿色食品。人们通常所说的绿色食品一般是指A级绿色食品，其认证工作由中国绿色食品发展中心负责。AA级绿色食品等同于有机食品，其认证的标准和程序和有机食品相同，由中绿华夏有机食品认证中心负责。

绿色食品产品或产品原料的产地（水、土）必须符合绿色食品的生态环境标准。目前绿色食品的生产标准是由农业部发布的推荐性行业标准（NY/T）。对于绿色食品生产企业来说，是强制性标准，必须严格执行。梨果品生产产地应符合环境质量标准《绿色食品　产地环境质量》（NY/T 391—2013）和《绿色食品产地环境质量现状评价技术导则》，生产技术标准应符合《绿色食品　农药使用准则》（NY/T 393—2013）和《绿色食品　肥料使用准则》（NY/T 394—2013）的规定，产品质量标准应符合《绿色食品　温带水果》（NY/T 844—2017）的规定。

绿色食品认证要求如下。

1）农作物种植、畜禽饲养、水产养殖及食品加工必须符合绿色食品的生产操作规程。

2）产品必须符合绿色食品的质量和卫生标准。

3）产品的标签必须符合中国农业部制定的《绿色食品标志设计标准手册》中的有关规定。绿色食品的标志为绿色正圆形图案，上方为太阳，下方为叶片与蓓蕾，标志的寓意为保护。

4）认证申请人必须是企业法人，企业应同时具备以下条件：具备绿色食品生产的环境条件和技术条件；具备一定生产规模，具有较完善的质量管理体系和较强的抗风险能力；加工企业必须生产经营一年以上。有下列情况之一者，不能作为申请人：与中国绿色食品发展中心和各省绿色食品办公室有经济或其他利益关系的；可能引致消费者对产品来源产生误解或不信任的，如批发市场、粮库等；纯属商业经营的企业（如百货大楼、超市等）。社会团体、民间组织、政府行政机构等不可作为申请人。

（2）绿色食品认证流程

1）所需材料（一式三份）。申请人从中国绿色食品发展中心（以下简称中心）及其所在省（自治区、直辖市）绿色食品办公室、绿色食品发展中心（以下简称省绿办）领取"绿色食品标志使用申请书""企业及生产情况调查表"及有关资料，或从中心网站下载。

申请人填写并向所在省绿办递交"绿色食品标志使用申请书""企业及生产情况调查表"及以下材料。

①保证执行绿色食品标准和规范的声明。

②生产操作规程（种植规程、养殖规程、加工规程）。

③公司对"基地+农户"的质量控制体系（包括合同、基地图、基地和农户清单、管理制度）。

④产品执行标准。

⑤产品注册商标文本（复印件）。

⑥企业营业执照（复印件）。

⑦企业质量管理手册。

⑧要求提供的其他材料(通过体系认证的,附证书复印件)。

2)办理程序

①市、县(市、区)绿办指导企业做好申请认证的前期准备工作,并对申请认证企业进行现场考察和指导,明确申请认证程序及材料编制要求,并写出考察报告报省绿办。省绿办酌情派员参加。

②企业按照要求准备申请材料,根据《绿色食品现场检查项目及评估报告》自查、草填,并整改,完善申请认证材料;市、县(市、区)绿办对材料进行审核,并签署意见后报省绿办。

③省绿办收到市、县(市、区)的考察报告、审核表及企业申请材料后,审核定稿。企业准备5套申请材料(企业自留1套复印件,报市、县(市、区)绿办各1套复印件,报省绿办1套复印件,报中心1套原件)和文字材料软盘,报省绿办。

④省绿办收到申请材料后,登记、编号,在5个工作日内完成审核,下发"文审意见通知单"同时抄传中心认证处,说明需补报的材料,明确现场检查和环境质量现状调查计划。企业在10个工作日内提交补充材料。

⑤现场检查计划经企业确认后,省绿办派2名或2名以上检查员在5个工作日内完成现场检查和环境质量现状调查,并在完成后5个工作日内向省绿办提交《绿色食品现场检查项目及评估报告》《绿色食品环境质量现状调查报告》。

⑥检查员在现场检查过程中同时进行产品抽检和环境监测安排《产品检测报告》《环境质量监测和评价报告》由产品检测和环境监测单位直接寄送中心同时抄送省绿办。对能提供由定点监测机构出具的一年内有效的《产品检测报告》的企业,免做产品检测;对能提供有效环境质量证明的申请单位,可免做或部分免做环境监测。

⑦省绿办将企业申请认证材料(含"绿色食品标志使用申请书""企业及生产情况调查表"及有关材料)、《绿色食品现场检查项目及评估报告》《绿色食品环境质量现状调查报告》"省绿办绿色食品认证情况表"报送中心认证处;申请认证企业将"申请绿色食品认证基本情况调查表"报送中心认证处。

⑧中心对申请认证材料做出"合格""材料不完整或需补充说明""有疑问,需现场检查""不合格"的审核结论,书面通知申请人,同时抄传省绿办。省绿办根据中心要求指导企业对申请认证材料进行补充。

⑨对认证终审结论为"合格"的申请企业,中心书面通知申请认证企业在60个工作日内与中心签订《绿色食品标志商标使用许可合同》,同时抄传省绿办。

⑩申请认证企业领取绿色食品证书。

3. 有机产品认证要求、流程

（1）有机产品认证要求。在我国，有机产品必须符合如下条件。

1）按照我国有机产品标准生产。

2）经过中国国家认证认可监督管理委员会（以下简称国家认监委）认可的认证公司认证，并颁布有机认证证书。

①取得在国家工商行政管理部门或有关机构注册登记的法人资格。

②已取得相关法规规定的行政许可（适用时）。

③生产、加工的产品符合中华人民共和国相关法律、法规、安全卫生标准和有关规范的要求。

④建立和实施了文件化的有机产品管理体系，并有效运行3个月以上。

⑤申请认证的产品种类应在国家认监委公布的《有机产品认证目录》内。

（2）有机产品认证流程

1）所需材料

①认证委托人的合法经营资质文件复印件，如营业执照副本、土地使用权证明、合同等。

②认证委托人及其有机生产、加工、经营的基本情况：认证委托人名称、地址、联系方式；当认证委托人不是产品的直接生产、加工者时，生产、加工者的名称、地址、联系方式；生产单元或加工场所概况；申请认证产品名称、品种及其生产规模，包括面积、产量、数量、加工量等；同一生产单元内非申请认证产品和非有机方式生产的产品的基本信息；过去三年间的生产历史，如植物生产的病虫害防治、投入物使用及收获等农事活动描述；野生植物采集情况的描述；动物、水产养殖的饲养方法、疾病防治、投入物使用、动物运输和屠宰等情况的描述；申请和获得其他认证的情况。

③产地（基地）区域范围描述，包括地理位置、地块分布、缓冲带及产地周围临近地块的使用情况等；加工场所周边环境描述、厂区平面图、工艺流程图等。

④有机产品生产、加工规划，包括对生产、加工环境适宜性的评价，对生产方式、加工工艺和流程的说明及证明材料，农药、肥料、食品添加剂等投入物的管理制度，以及质量保证、标识与追溯体系建立、有机生产加工风险控制措施等。

⑤本年度有机产品生产、加工计划，上一年度销售量、销售额、主要销售市场等。

⑥承诺守法诚信，接受行政监管部门及认证机构监督和检查，保证提供材料真实、执行有机产品标准、技术规范的声明。

⑦有机生产、加工的管理体系文件。

⑧有机转换计划（适用时）。

⑨当认证委托人不是有机产品的直接生产、加工者时，认证委托人与有机产品生产、加工者签订的书面合同复印件。

⑩其他相关材料。

2）办理程序

①申请。申请人提交"有机产品认证申请书""有机产品认证调查表"及"有机产品认证书面资料清单"要求的文件，提出正式申请；申请人按 GB/T 19630.4—2011《有机产品 第4部分：管理体系》的要求，建立本企业的质量管理体系、质量保证体系和质量信息追踪及处理体系。

②文件审核。认证中心对申报材料进行合同评审和文件审核。审核合格后，认证中心根据项目特点，依据认证收费细则，估算认证费用，向企业寄发"受理通知书"《有机食品认证检查合同》（以下简称《检查合同》）。若审核不合格，认证中心通知申请人且当年不再受理其申请。申请人确认"受理通知书"后，与认证中心签订《检查合同》。根据《检查合同》的要求，申请人缴纳相关费用，以保证认证前期工作的正常开展。

③实地检查。申请人寄回《检查合同》及缴纳相关费用后，认证中心派出有资质的检查员。检查员应从认证中心取得申请人相关资料，依据《有机产品认证实施规则》的要求，对申请人的质量管理体系、生产过程控制体系、追踪体系，以及产地、生产、加工、仓储、运输、贸易等进行实地检查评估。必要时，检查员需对土壤、产品抽样，由申请人将样品送至指定的质检机构检测。

④编写检查报告。检查员完成检查后，在规定时间内，按认证中心要求编写检查报告，并提交给认证中心。

⑤综合审查评估意见。认证中心根据申请人提供的申请表、调查表等相关材料及检查员的检查报告、样品检验报告等进行综合评审，评审报告提交颁证委员会。

⑥颁证决定。颁证委员会对申请人的基本情况调查表、检查员的检查报告、认证中心的评估意见等材料进行全面审查，做出同意颁证、有条件颁证、有机转换颁证或拒绝颁证的决定。证书有效期为一年。

a. 同意颁证。申请内容完全符合有机产品标准，颁发有机证书。

b. 有条件颁证。申请内容基本符合有机产品标准，但某些方面尚需改进，在申请人书面承诺按要求进行改进以后，亦可颁发有机证书。

c. 有机转换颁证。申请人的基地进入转换期一年以上，并继续实施有机转换计划，颁发有机转换证书。从有机转换基地收获的产品，按照有机方式加工，可作为有机转换产品销售。

d. 拒绝颁证。申请内容达不到有机产品标准要求，颁证委员会拒绝颁证，并说明理由。

⑦颁证决定签发。颁证委员会做出颁证决定后，有机产品认证中心主任授权颁证委员会秘书处（认证二部）根据颁证委员会做出的结论在颁证报告上使用签名章，签发颁证决定。

⑧有机产品标志的使用。根据证书和《有机食（产）品标志使用章程》的要求，签订《有机食（产）品标志使用许可合同》，并办理有机/有机转换标志的使用手续。

⑨保持认证。有机产品认证证书有效期为1年，在新的年度里，认证机构会向获证企业发出"保持认证通知"。获证企业在收到"保持认证通知"后，应按照要求提交认证材料，与联系人沟通确定实地检查时间并及时缴纳相关费用。保持认证的文件审核、实地检查、综合评审、颁证决定的程序同初次认证。

4. 无公害农产品、绿色食品、有机产品认证区别

（1）发源地不同。无公害农产品主要起源于中国，"无公害"一词从国外引入；绿色食品起源于中国；有机产品和有机农业的发源地是欧洲。

（2）标志不同。无公害农产品及绿色食品的标志都是唯一的。不同国家、不同认证机构的有机产品标志存在差异。2005年我国出台了《有机产品》国家标准（已废止），现行标准为2019年8月30日发布并于2020年1月1日起实施的《有机产品 生产、加工、标识与管理体系要求》（BG/T 19630—2019），标准对中国有机产品认证标志作出了规定。

（3）认证机构不同。无公害农产品由农业部及各省市食用农产品安全生产体系办公室统一认证；中国绿色食品发展中心负责全国绿色食品的统一认证和最终认证审批，各省、市、区绿色食品办公室协助认证；有机产品由具有有机认证资质的认证机构进行认证。

（4）认证方式不同。无公害农产品的认证以检查认证为主，检测认证为辅；绿色食品的认证以检测认证为主；有机产品的认证是在国家认监委监督下，由具有认证资质的机构进行。

（5）标准不同。无公害农产品禁用高毒高残留农药，推广使用低毒低残留农药；绿色食品推崇减量化使用低毒低残留农药、化肥；有机产品不能使用农药、化肥、食品添加剂及转基因物质。

技能要求

果园档案的建立

操作步骤

步骤一：建立建园档案

（1）建园决定、指令、批示、方针、依据、树种、品种、预期产量、经营方向都应原原本本地记录。

（2）记载自然、社会、经济情况。

（3）记载果园规划设计情况。

（4）记载栽植后管理情况。

（5）记载施工执行人名单和各项工作劳力支出情况，责任制或合同，实施效率及结果评议。

（6）记载建园过程中气象情况。

步骤二：建立技术管理档案

（1）按果园小区（地块）或树种记载技术管理档案。

（2）按树种、品种记载果树生长发育及物候期档案。

（3）记载产量品质测定情况。

步骤三：建立植保档案

（1）记载病虫害种类、发生流行规律。

（2）记载天敌种类、数量。

（3）记载防治措施。

步骤四：建立采收、分级包装与销售档案

（1）记载产量、质量。

（2）记载分级包装情况。

（3）记载销售情况。

步骤五：建立财务档案

（1）建立管理流水账。

（2）建立成本与收益档案。

本章测试题

单项选择题（选择一个正确的答案，将相应的字母填入题内的括号中）

1. 梨树有机栽培（　　）。
   A. 不能使用化肥　　　　　　　　B. 不能使用化学农药
   C. 不能使用化学合成激素　　　　D. 以上都是

2. 无公害农产品认证需要对（　　）进行检测。

A. 土壤   B. 果品   C. 土壤、果品   D. 水质、果品

3. 绿色食品认证需要对（　　）进行检测。

    A. 土壤、果品   B. 水质、果品

    C. 水质、土壤、果品   D. 水质、土壤

本章测试题答案

单项选择题

1. D   2. C   3. C

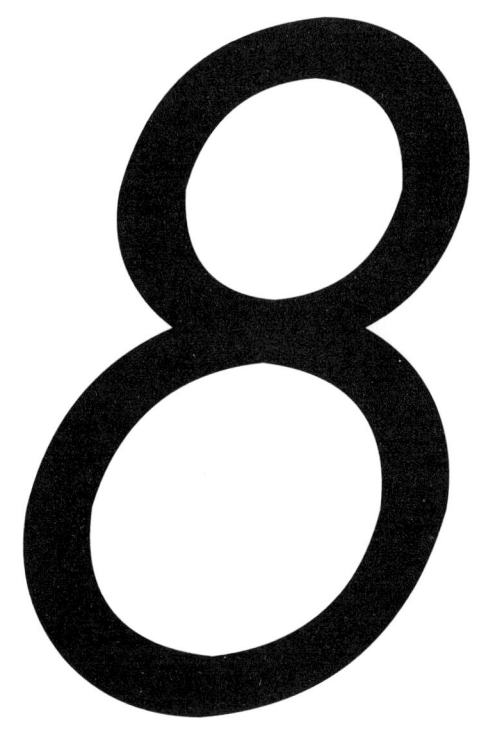

第 8 章

梨树新型栽培模式

8.1　设施栽培　　　　　　　　　　　/134
8.2　南方水网地区梨树省力化栽培　/138

学习目标

◆ 了解设施栽培的类型,掌握大棚盖膜的时间。
◆ 掌握设施栽培中的温湿度管理、肥水管理、树体管理和病虫害防治技术。
◆ 了解南方水网地区梨树省力化栽培模式。

知识要求

8.1 设 施 栽 培

为了使梨树进一步提早成熟和避免台风危害,上海从 2004 年开始逐渐发展梨树的设施栽培,基本完善梨树设施栽培中的促成技术、避雨栽培技术。如何提早成熟期,提高梨果品质,拓宽梨树设施栽培应用有待进一步探索。

8.1.1 设施栽培类型

我国梨树栽培的设施有钢管单棚、钢管连栋棚和竹木连栋大棚。上海梨树设施栽培主要有"先促成、后避雨栽培"及"梅雨前促成栽培"2种模式。

1. 先促成、后避雨栽培

该栽培模式即 2 月中旬覆膜保温,根据温度管理要求及时开关大棚,覆膜后 25~30 天左右开花,"五一"前后开始逐步揭去边膜,保留顶膜转成避雨栽培,7 月果实采收完成后揭膜形成露地栽培。

2. 梅雨前促成栽培

该栽培模式即 2 月中旬覆膜保温,根据温度管理要求及时开关大棚,"五一"前后去裙边,开天窗,出梅后采收前去膜,改善光照,以提高梨果品质。

设施栽培可以促进梨树的营养生长,还可以增大果实,使果实提早成熟。

8.1.2 管理

1. 温湿度管理

(1) 温度管理。2 月中旬覆膜后,一般 20 天左右萌芽。

萌芽至开花前日均温 10~12℃,白天温度高于 30℃时要打开棚门,温度过高时需要拉起边膜通风。此段时期内白天开棚，夜间关棚，应严格按要求操作。根据气候决定开棚的程度。

开花期日均温13~15℃。白天温度高于30℃要打开棚门或拉起边膜通风。注意避免发生高温伤害。夜间温度应不低于-1℃。有些低温年份会出现冻花，雄蕊、柱头容易受冻害，应特别注意保温。可增加内膜覆盖来防止冻花发生。

幼果发育期日均温15~20℃。白天温度高于30℃要打开棚门或拉起边膜通风。

上海地区"五一"前后开始逐步揭去边膜，保留顶膜转成避雨栽培。该阶段前期会有35℃以上的高温，需要密切注意，加强通风。

（2）湿度管理。萌芽展叶之后，光合作用越来越旺盛，如逢晴天应在10：00以后间断通风换气1~2次，每次30 min左右。棚内温度达28℃开始，每天通风换气，低于20℃则关闭大棚。

1）萌芽期相对湿度85%~90%。

2）盛花期相对湿度75%~85%。花期注意通风除湿，防止花、叶腐病的发生。

3）幼果期相对湿度75%~85%，尽量利用晴天降湿，利于花瓣脱落，减少病害发生。

4）"五一"后相对湿度80%~95%。

5）采收期相对湿度70%~80%。

2. 肥水管理

（1）施肥。棚内不宜使用未腐熟的有机肥，座果肥不含碳酸氢铵，少施尿素，施肥后注意通风换气，防止氨害发生。

1）基肥

①用量。每亩施腐熟的有机肥2 000 kg和50 kg磷肥。

②使用方法。定植后的第一年10—11月沿定植穴外缘单侧开挖深40 cm左右、宽50 cm的施肥深沟，将有机肥、磷肥和土充分混合。第二年同期在另侧开挖同样规格深沟施入肥料。第三、第四年同期继续向外扩施，全园深翻改土完成后可进行地面撒施有机肥同时结合深翻（深度20 cm）。也可根据梨树生长情况，从离树1~1.5 m处开始向外，逐年扩穴深施基肥。

2）追肥。覆膜前每亩沟施复合肥8 kg；座果后应施膨果肥，每亩施三元素复合肥（15∶15∶15）15 kg；果实第二次膨大前期追施钾肥，每亩施硫酸钾20 kg和三元素复合肥（15∶15∶15）5 kg；采收后施氮肥，每亩施尿素5 kg。

依据梨树生长发育状况，在幼果期及果实膨大期可结合喷药进行叶面喷肥，喷施钾肥、微量元素等。叶面喷肥浓度控制在0.2%~0.3%。

（2）水分管理

1）灌溉方式。采用滴灌的方式，大水滴灌持续时间为 4 h，中水滴灌 2 h，让水渗透根系周围。小水滴灌为 1 h。灌水宜在傍晚进行。

2）灌水时间。封棚前一周应进行一次大水滴灌，萌芽后进行中水滴灌。花前 7 天，进行一次小水滴灌、中水滴灌，保持 10 cm 以下土层湿润。在果实第二次生长高峰到来时再进行一次大水滴灌，保证果实增大。高温季节，每 5 天左右进行小水滴灌，保持土壤湿润均匀。采收前 2 周进行控水。

(3) 土壤管理。冬季在梨园种植黄花苜蓿、紫云英等，夏季可自然生草，采用机械或人工刈割。覆盖树盘，可在树冠正下方地面上覆盖稻草或刈割草。

3. 树体管理

(1) 幼树管理

1）树形培养。单棚可以采用开心形树形，定植 1~2 行。连栋棚采用棚架形树形，高连栋棚也可用主干细纺锤形树形。

2）修剪时间。上海地区修剪分冬季、夏季 2 个时期，冬季修剪（休眠期修剪）在 12 月下旬至次年 2 月下旬进行，主要在 1 月进行，夏季修剪在 6—7 月进行。生长期注意夏季修剪，做好抹芽、摘心、扭梢、拉枝工作，控制徒长枝生长，4~5 年左右更新侧枝、结果枝组。

3）其他注意事项。高密度栽植永久树与间伐树时，前期永久树以培养树形为主，间伐树要少剪，以提高前期产量；后期及时间伐，以改善棚内光照条件。

(2) 生长期树形管理

1）除萌蘖。除萌蘖主要从芽眼长到 0.5 cm 大小时到落花期进行，可以连同过多花序一同除去，分 3~4 次及时进行，控制背上枝、内膛枝的过度发生。

2）摘心。应对幼龄树（1~6 年）的健壮枝摘心。4 月，新梢长到 20~30 cm 时，留 12 芽摘心。5 月进行第二次摘心，每根生长枝留 20 叶。

3）疏枝。4—6 月，疏除外围、内膛过密枝条。

4）扭梢、拉枝。5 月开始对直立部位侧枝进行扭梢，控制长势，增加营养面积。侧枝长到 1 m 以上后，在合适时间进行拉枝，过早拉枝容易促发秋梢，拉枝不宜过平。延长枝晚些拉枝，前期保持足够生长势，抑制背上枝发生，形成骨架和花芽。

(3) 花果管理

1）授粉。'翠冠'梨可以作为'早生新水'梨、'圆黄'梨的授粉树，'黄花'梨和'清香'梨可作为'翠冠'梨的授粉树。主要授粉方式为人工点授，每花序点授 1~2 朵即可。

2）疏花疏果。大棚内果树受雨水影响小，温度对座果影响较大。因此，温度合适的年份座果较好。在花后 3 周进行疏果，每平方米留果 10~12 个，最终每平方米保留 10 个果实。

4. 病虫害防治

（1）虫害防治。设施栽培条件下，虫害（如介壳虫、红蜘蛛、梨木虱）和鸟害比露地栽培条件下重。应在生长期对梨果套袋，揭边膜时要覆盖防鸟网。

（2）病害防治。设施栽培条件下，病害发生的时期和种类与露地栽培条件下有较大差异，一般棚内几乎不发生梨黑斑病、黑星病、锈病、轮纹病。花腐病在 3 月中下旬花期发生。应控制湿度，注意花期通风。早春是梨干腐病的高发期，应注意通风除湿，并结合其他病害防治同时进行。防治梨轮纹病需做好苗木检疫，冬季刮除枝干病部，涂抹药剂（石硫合剂）。

全年喷药防治历见表 8-1。

表 8-1　　　　　　　　　　　　全年喷药防治历

物候期	防治对象	推荐药剂与浓度
3 月上旬	越冬病虫	45% 晶体石硫合剂 30~50 倍液
3 月底	梨木虱、梨瘿蚊	吡虫啉 1 500 倍液+速克灵 1 500 倍液
4 月中旬	梨木虱、梨瘿蚊	一遍净 1 500 倍液
4 月下旬	梨木虱、梨干腐病	藜芦碱 800 倍液+甲基托布津 1 000 倍液
5 月上旬	梨木虱	苦参碱 2 000 倍液
6 月中旬	螨类、梨瘿蚊	灭幼脲 3 号 1 500 倍液
7 月下旬	螨类、刺蛾	尼索朗 2 000 倍液+大生 600 倍液
8 月中旬	螨类、梨网蝽	艾美乐 10 000 倍液
8 月下旬	刺蛾、梨黑星病等	敌百虫 800 倍液+百菌清 800 倍液
9 月下旬、10 月初	螨类、刺蛾、梨黑星病等	齐螨素 2 500 倍液+阿米西达 1 500 倍液

8.1.3　存在问题

1. 影响品质

（1）大棚覆膜后光照变弱，大棚梨果实可溶性固形物含量不高。覆膜时宜选用透光率高的膜。另外，膜吸附灰尘后透光率会大大下降，需及时冲洗。棚内铺设反光膜可以改善光照条件。

（2）大棚内光照弱，会导致梨枝条生长量大，郁闭度增加，也会影响果实品质，大大增加了枝条管理的工作。

2. 产量低

大棚梨土地利用率低，光照条件差，营养生长容易占优势，短枝容易萌发成营养枝，短果枝不易形成，影响梨产量。'早生新水'梨等短果枝连续结果能力较差的品种，宜采用腋花芽结果，注意及时培养与更新结果枝，避免树体内膛光秃，出现大小年现象。

8.2 南方水网地区梨树省力化栽培

随着农业从业人员逐渐减少，劳动力日益短缺，发展省力化栽培必将成为梨树未来生产的必然趋势。南方水网地区经过多年研究，初步形成了梨树省力化栽培模式，基本原则是缩小树冠直径，加大行间通行距离；适度提高树高，确定合适的行间距，提高单位面积产量；简化树形，简化树体管理、土肥水管理、病虫害控制等技术，使其容易被种植者掌握；推广机械化、信息化、智能化技术在果园管理各环节中的应用。省力化栽培技术还有许多方面需要完善。随着梨树省力化栽培技术实践和研究的推进，南方地区梨树省力化栽培理论和技术将逐步得以发展和完善。

8.2.1 建园

按照省力化梨园定植密度和要求建园。

1. 栽植

（1）行向。单主干树形的行向为南北向，二主枝树形的可采用东西向。

（2）种植密度。单主干树形的株行距为（0.8~1）m×（3.5~4）m；二主枝树形的株行距为1.5 m×（3.5~4）m。

（3）定植位置。应偏沟一边定植，东西向的在离西边沟1 m处定植，南北向的在离北面沟1 m处定植。

2. 搭支架

支架由立柱、拉线、斜撑、斜拉锚构成，如图8-1所示。

栽培行间距3.5 m，沿栽培行设置立柱，立柱间隔8~10 m，立柱（4 m×0.1 m×0.1 m）地上部分高3.5 m，地下部分0.5 m，每根立柱上拉2道单股塑钢拉线，第一道拉线距离地面1.7 m，第二道距离第1道1.7 m。斜拉锚、斜撑设置在行内第二根立柱。

栽培行的第一根立柱称为边柱。栽培行头尾留4~6 m道路，便于机械转弯。栽培行

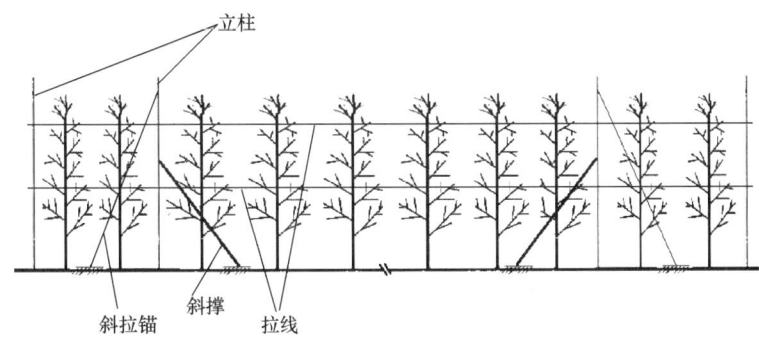

图 8-1 支架示意图

间距离立柱 1 m 处开设一条宽 0.4 m、深 0.3 m 排水沟,留 2.5 m 左右宽的操作道便于机械作业。

同时,在立柱的顶端搭建防鸟网。

3. 沟系、道路

果园道路由干路、支路和小路组成。干路路面宽 6~8 m;支路是果园小区之间的通路,路面宽 4~6 m;根据需求还需安排田间作业道(小路),可行驶弥雾机、中耕机等中小型农用机械,路面宽 3 m。支路边上可以种植 1 行梨树,提高土地利用率。

南方水网地区梨园应有沟系配套(围沟、纵沟、腰沟、畦沟),深度合适(围沟 1~1.5 m,纵沟、腰沟 0.8~1 m,畦沟 0.4~0.6 m),以及时排水便于地上部操作。腰沟采用暗沟,要求其上方路面可以承受机械通过,雨后能快速排干水;纵沟过路处埋暗管,以便机械通行,如图 8-2 所示。

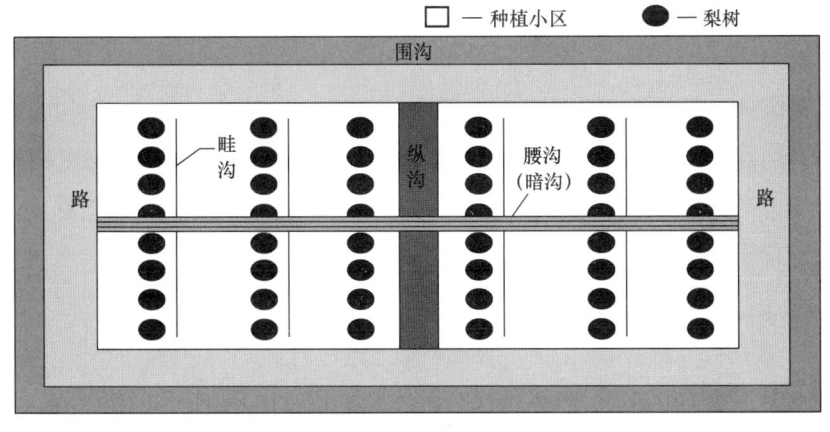

图 8-2 梨园沟系配套平面示意图

4. 品种选择

（1）早熟品种：'沪晶梨67号''翠冠'梨。

（2）授粉品种：'早生新水'梨、'圆黄'梨。

8.2.2 管理

1. 树体管理

树形以单主干圆柱形（细长纺锤形）为主。

定植后管理同5.4.1中"3.省力栽培树形"的（1）。

幼树管理同8.1.2。

2. 肥水管理

梨园成型后，宜使用腐熟的有机肥，培养地力，逐步减施化肥。

（1）基肥

1）用量。每亩施腐熟的有机肥2 000 kg和25 kg磷肥。

2）使用方法。定植后的第一年10月沿定植行单侧开挖深40 cm左右、宽40 cm的施肥深沟，将有机肥、磷肥和土充分混合。第二年同期在另侧开挖同样规格深沟施入肥料，逐步扩展改良土壤。

（2）追肥。萌芽前每亩穴施尿素5 kg；座果后应施膨果肥，每亩施三元素复合肥（15：15：15）20 kg；果实第二次膨大前期追施钾肥，每亩施硫酸钾15~20 kg和尿素5 kg；采收后施氮肥，每亩施尿素5 kg。

依据梨树生长发育状况，在幼果期及果实膨大期结合喷药进行叶面喷肥，施钾肥、微量元素等。叶面喷肥浓度控制在0.3%以内。

3. 土壤管理

冬季在梨园种植黄花苜蓿、紫云英、黑麦、麦子等，刈割2次，夏季可自然生草、种植苏丹草等，刈割2~3次，采用机械或人工割草，覆盖树盘。苗期也可以用拖拉机翻地控制杂草生长。平日人工进行巡察，每周一次，用大镰刀刈割高草，拔出藤蔓类杂草。冬季树盘翻地，行间轮换深翻。

8.2.3 需注意的问题

1. 基础设施配套

应尽早搭支架，便于整形，做好道路沟系、滴灌配套设施；重视建园前期土壤改良，幼树期肥水、病虫害、整形管理要精细，才能达到快速成形、早投产、高产的效果。

2. 树形整形维护

选用大苗定植，用高度 150 cm 以上、芽体饱满的优质壮苗定植，苗木长势好。重视生长季修剪管理，树冠结果枝组更新要及时。

3. 机械设备

我国果园机械化程度低，缺乏大型高效的果园作业机械。果园作业大都依靠人工完成，选用适合果园耕作的除草机、旋耕设备、挖沟设备、液压剪枝升降平台、果园风送弥雾机、果品运输机械和果品分级清选机需要一个过程，不同地区作业特性不同，需要选择相应机械。

国内果园机械起步晚，经过近些年发展，各种类型型号逐步齐全，但是目前果园机械存在的问题是好用的买不起，买得起的却不好用。

本章测试题

单项选择题（选择一个正确的答案，将相应的字母填入题内的括号中）

1. 设施栽培保温时间（　　）。
   A. 越早越好　　　　　　　　　　B. 依据气象条件确定
   C. 依据栽培要求确定　　　　　　D. 依据栽培要求，兼顾气象条件确定
2. 设施栽培对病虫害的影响是（　　）。
   A. 病害变重　　B. 发病种类改变　　C. 没有影响　　D. 个别虫害变严重
3. 我国梨树设施栽培的发展最早开始于（　　）。
   A. 上海　　　　B. 浙江　　　　C. 江苏　　　　D. 河北
4. 上海梨树设施栽培的目的是（　　）。
   A. 提早成熟　　　　　　　　　　B. 减少病害
   C. 提早成熟，减少病害　　　　　D. 减少虫害

本章测试题答案

单项选择题

1. D　　2. D　　3. A　　4. C

第 9 章

果实成熟期管理、采收和商品化处理

9.1　果实采收　　/144
9.2　贮运　　　　/153
9.3　监测　　　　/160

学习目标

◆ 了解果实成熟度的概念,了解不同品种梨成熟特征及判定果实成熟的方法,掌握果实成熟的重要指标。

◆ 了解采后预冷处理的重要性及定义,了解不同预冷方式的概念及适用范围,掌握适合本地果品的预冷处理技术。

◆ 了解梨果实分级的标准,掌握分级技术,如人工分级和机械分级。

◆ 了解梨果实包装的类型、材料、内垫物和内包装、形式。

◆ 了解不同保鲜贮藏方法的利与弊,学会选择适合本地果品的贮藏技术。

◆ 了解梨果实抽检方法。

◆ 了解贮藏过程中病害产生的原因,掌握基本的防控方法。

◆ 了解果品冷链物流模式及梨果实的运输距离、运输参数。

◆ 能够进行码垛、采收、基础冷库管理、气调库管理、果品抽检。

9.1 果实采收

9.1.1 成熟期管理

1. 成熟度

梨果实的成熟度主要依据果实发育天数、果皮色泽、种皮颜色、果肉硬度、可溶性固形物含量等指标判断。梨果实成熟度分为三种。第一种是可采成熟度(五至六成熟)。此时果实的物质积累过程已基本完成,果实停止膨大,绿色减退,开始呈现本品种固有的色泽和风味,但果肉硬度较大,尚未完全呈现本品种应有的风味,食用品质稍差,此时采收的果实适合长途运输和长期贮藏。第二种是食用成熟度(七至九成熟)。此时种子变褐色(早熟梨种子依然是白色),果梗易与果台脱离,果实出现本品种应有的色、香、味等品质,此时食用品质最佳。此时期采收的果实适于产地直销、短途运输和短期冷藏周转。第三种是生理成熟度(十成熟)。此时,种子充分成熟,果肉硬度下降,果肉软化、发绵,内含物含量下降,食用品质变差,此时采收的果实适于采种。

采收成熟度是决定果实贮藏寿命和最终品质的重要因素，应根据各品种的成熟度指标等综合确定。采收过早，其固有风味不能充分体现；采收过晚，易受机械损伤，耐贮性差。一般以外观色泽、果实硬度和果实发育天数判断成熟度，果实绿色减退（如'翠冠'梨等底色为绿色的品种，见彩图26），或果实底色基本泛黄（如'早生新水'梨、J2-8-7梨等底色为黄色的品种），停止膨大，果面丰满，为商品销售的可采成熟度。

检测果实成熟度的方法分为常规的有损检测和快速的无损检测两类。有损检测通过切开果肉观察种子的颜色、用常规硬度计测定果肉组织硬度、用折光仪测定果实可溶性固形物含量及利用其他仪器有损测定果实糖酸含量等。无损检测是指在不破坏待测果固有形态、化学特性等的前提下，为了获取与待测果的品质有关的内容、性质或成分等物理、化学情报所采用的检测方法。它是利用果品的物理特性（电磁特性、声学特性、光学特性）和化学特性等进行的快速对样品的一种非破坏性品质检测。例如，检测果实色泽、糖酸含量的近红外光谱技术，检测果实硬度的冲击力技术，检测果实内部缺陷、内部失水等的NMR（核磁共振）技术，检测果实芳香物质含量的电子鼻技术，测定果实颜色、亮度的色差仪法等无损检测技术是近年来发展速度较快的无损、快速、精确的检查方法。无损检测可以避免有损检测造成的样品损失，具有能对待测物进行跟踪、重复检测的优点。同时，无损检测技术检测速度快，适合于大规模产业化生产的在线检测和分级，从而实现自动化商品分级包装处理。已经有大规模的无损分级检测设备应用于柑橘、梨、桃的检测，如图9-1~图9-3所示。

图9-1　国内应用于柑橘的无损分级检测设备

图 9-2　国内应用于梨的无损分级检测设备

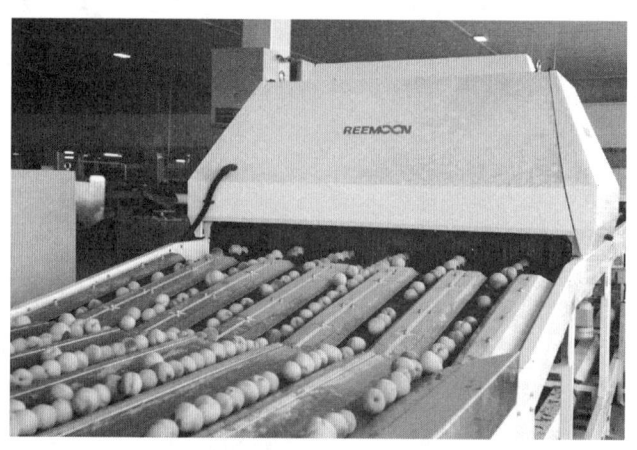

图 9-3　国内应用于桃的无损分级检测设备

2. 管理

采收前的田间管理（控产、套袋、采前喷钙、提早或延迟采收管理、肥水管理等）技术可显著影响果实的品质及耐贮性，一定程度上影响果实的食用价值和商品价值。果实缺钙会导致一些生理性病害的发生和贮藏性变差，人工补钙可在一定程度上减少生理性病害并改善贮藏性。采后对'翠冠'梨果实进行钙处理，可明显降低果实的腐烂率，延长'翠冠'梨的贮藏时间。果实采摘前一周不能过量浇水和施氮肥，否则会降低果实耐贮性。套袋技术使果实的发育环境发生了变化，形成了一个狭小的类似温室的微环境，进而影响果实的发育和成熟后的品质，抑制病虫害的发生，提高商品果率，提高果品的耐贮性。提早或延迟采收管理技术是指从果实的膨大期开始，通过避雨栽培、激素处理等一系列的处理，提早或延缓果实的成熟与脱落，使之达到延长采收期效果的技术。提早或延迟采收管理技术既能减轻集中上市带来的仓储、运输等压力，又能很好地调节鲜果的供应期，是一项很有前景的实用技术。

3. 适时采收

（1）采收时间。采收以晨露已干、天气晴朗的午前（上午10点前）或下午4点以后为宜，下雨、有雾或露水未干时不宜采收。梨果实采收时间的早晚，对产量、品质和耐贮性均有较大的影响。采收过早，果实未充分成熟，果个小、品质低劣，不能充分表达品种固有的风味和特性；采收过晚，成熟度过高，果肉衰老加速，不适合长途运输及长期贮藏。果实的采收时期应根据市场需求、销售目的、运输距离、果品特性、气候条件、劳动力等参数确定。产地直销的果实，可尽量选择天气晴朗的时期进行采摘；市场周转慢时，应将达到采收标准的果品采下，放置在冷库进行短期冷藏，市场销售渠道顺畅时，立即销售，切不可长期挂树，导致果实成熟度过高，影响果实的货架期和耐贮性，造成不可挽回的经济损失；若逢阴雨天气，果实又不得不采摘时，尽量选择下雨初期进行采摘，采摘后放置于通风处晾干后方可入库或装车运输；大雨过后不可立即采摘果实，应吹干6~12 h后采摘，以降低采后果实腐烂率；果实达到采收标准后，应避免一切人为因素造成的延迟采果现象，应根据销售目的安排采摘时间和人工，避免人为因素造成经济损失。

（2）采收方式。在某一品种适宜的采收时期内，不同株间或同一株树树冠不同位置的果实成熟度有较大差异。应采取分期分批采收的方式，优先采收树冠外围和上层转色好的大果，之后采收内膛果、树冠下部果实和小果。分期采收可使晚熟的小果果个增大，色泽变佳，增加产量和提高果实品质。分期采收应掌握好成熟度和采收时间，以防果实成熟度过低或过高而导致果实的品质不佳或耐贮性降低。优先采摘部分果实时，应小心操作，避免碰触留下的果实。

（3）采收方法。采收前应准备好采收使用的器具，如果篮、果筐、纸箱、采果袋、采果梯等。果篮、果筐底部及四周应用软布、碎纸屑等垫衬。采果器具应提前进行消毒杀菌处理。采果人员应剪短指甲或戴手套操作，采果的顺序是先里后外，由上而下，避免碰掉果实，防止折断果枝。采果时，用手握住果实底部，拇指和食指提住果实上部，向上一抬即可摘下，忌拉扯果子。注意保护果柄，剪去果柄过长部分，果柄长度应与果实肩部齐平，既防止机械损伤的发生，又可提高果实的耐贮性。果篮、果筐内果实不宜过满，以免挤压和掉落而造成机械损伤。采收期间应轻拿轻放，保持果实完好。

(4) 冷藏采收实例

1) 以'早生新水'梨为例。筛选七至八成熟、套袋果实果皮黄褐色、可溶性固形物含量为8%~9%、大小均匀、色泽均一、无病虫害、无机械损伤的果实采摘（7月20日左右采摘）。果实于每日上午10点之前或下午4点之后采摘完毕，果实轻拿轻放，装平筐后，及时放入卡车运回包装间进行筛选包装。

2) 以'翠冠'梨为例。筛选八至九成熟、果皮皮色绿色、可溶性固形物含量为10%左右、大小均匀、色泽均一、无病虫害、无机械损伤的果实采摘（7月28日左右采摘）。果实于每日上午10点之前或下午4点之后采摘完毕，果实轻拿轻放，装平筐后，及时放入卡车运回包装间进行筛选包装。

3) 以J2-8-7梨为例。筛选八至九成熟、套袋果实果皮黄色、可溶性固形物含量为13%~14%、大小均匀、色泽均一、无病虫害、无机械损伤的果实采摘（8月25日左右采摘）。果实于每日上午10点之前或下午4点之后采摘完毕，果实轻拿轻放，装平筐后，及时放入卡车运回包装间进行筛选包装。

产地直销时，可适当提高采摘时的果实成熟度。早熟梨可溶性固形物含量为11%以上，中晚熟梨达到12%，以保证梨品种特有的品质性状。

9.1.2 预冷

预冷是指将采收的新鲜水果和蔬菜在运输、贮藏或加工以前在低温条件下迅速除去田间热和呼吸热的过程。收获后的果蔬是活的生命有机体，继续进行正常的生理代谢，产生不可逆的成熟衰老变化，品质极易下降，甚至发生腐烂，而预冷能够抑制果蔬生理代谢，延缓品质劣变，是果蔬贮运过程中最基本也是最重要的保鲜措施。

预冷是指采用专门的设施将果蔬从初始温度迅速降低至适宜贮运温度的特定阶段。果蔬预冷强调三点：一是拥有专用的预冷设施，如基础低温预冷装置、差压式预冷（强风预冷）装置、真空预冷装置、冷水喷淋式预冷装置、高压预冷装置、减压预冷装置等，而不是指采后的果蔬放置在背阴冷凉处散热，也不是指放置在普通冷库内进行较长时间的降温，适合梨果品的预冷方式为基础低温预冷、差压式预冷（强风预冷）、高压预冷和减压预冷；二是迅速降温，即在降温终点确定的情况下，果心温度快速降低至指定温度；三是特定阶段，即果蔬收获以后至贮运前的一个短暂阶段，时间越前移，效果越好。

1. 预冷参数

预冷方式，制冷能力，气流的流通方式，码垛方式，包装箱材料和厚度，包装箱开孔形状、开孔大小、开孔率,包装箱最佳三维尺寸,预冷包装箱与储存包装箱的通用性等预冷参数均是影响果实预冷速率的关键因素。

2. 预冷方式

(1) 冷水预冷。冷水预冷是指将适宜温度的冷水与果蔬接触进行热交换快速降低果蔬温度的一种预冷方式,常用的有浸泡和喷淋两种方式,通常水温保持在1~3℃,产品预冷速度快,时间约30 min。冷水预冷的主要局限性是仅仅适用于耐水性比较强的果蔬,'翠冠'梨、J2-8-7梨等耐贮运类型梨果实适合冷水遇冷,'早生新水'梨等不耐贮运类型梨果实不适合冷水预冷。

(2) 基础低温预冷。基础低温预冷是果实采收后,将其放至已调试好的低温预冷库(见图9-4)中,迅速降低果品本身的呼吸热和田间热,使果心温度快速达到冷藏温度或接近冷藏温度的过程。由于基础低温预冷是一种没有特别设计气流的预冷方式,包装箱内的气流不定向,风速也低。而果蔬表面放热系数和风速有密切的关系,风速越大,果蔬表面散热越快,降温速度就越快。因此,基础低温预冷冷却速度较慢、冷却时间长。不同类型梨果实均适合该预冷方式。

图9-4 低温预冷库

(3) 差压式预冷。差压式预冷是利用气压差使低温空气快速流过果实表面,与果实进行热交换,从而迅速降低果实本身的呼吸热和田间热,使果心温度快速达到冷藏温度或接近冷藏温度的过程。一般将产品温度由25~30℃降低至4℃左右,随产品种类不同需3~6 h。差压式预冷的效果与包装箱内果蔬的摆放形式、包装箱开孔大小和形状等因素均有密切关系。目前生产中推广差压式预冷的主要障碍之一是缺乏设计科学合理、成本较低的包装箱。不同类型梨果实均适合该预冷方式。差压式预冷设备如图9-5所示。

图 9-5　差压式预冷设备

（4）高压预冷。其原理是在贮存物上施加一个由外向内的压力，使贮存物外部气压高于其内部气压，形成一个足够的从外向内的正压差。此法可避免维生素等营养成分的损失，保持水果原有风味。预冷期间，压力升到 2 500~4 000 个标准大气压，温度为 2~4℃（果心温度），相对湿度 92%~95%，生物体内的酶因失活而无法发挥作用，各种微生物被杀死；正压差又可以阻止水果水分和营养成分流失，减缓呼吸速率和成熟速度，有效延长果实的贮藏期。不同类型梨果实均适合该预冷方式。高压预冷设备如图 9-6 所示。

图 9-6　高压预冷设备

（5）减压预冷。减压预冷技术是通过创造一种低压环境条件延长果实保鲜期和改善果实贮藏品质的先进的物理技术，也是保障食品安全的一项非常有效的技术。预冷期间，库内压力保持在 1 450~1 550 Pa，温度为 2~3℃（果心温度），相对湿度 92%~95%。不同类型梨果实均适合该预冷方式。减压预冷设备如图 9-7 所示。

图 9-7　减压预冷设备

（6）真空预冷。真空预冷通过真空泵的抽吸，降低密闭预冷室内的压力，形成较高的真空度，利于产品中的水分向外蒸发，带走蒸发潜热，从而促使产品温度降低，达到预冷的目的。产品的大小和比表面积影响水分蒸发速率，因此，真空预冷适用于叶菜类蔬菜、小浆果类水果，因为它们具有比表面积大、内部组织不太致密的特点。该预冷方式不适用梨果实。真空预冷设备如图 9-8 所示。

图 9-8　真空预冷设备

9.1.3　分级包装

1. 分级标准及类型

（1）果实的分级标准。随着市场经济的蓬勃发展，消费者的要求越来越高，果实分级与包装在采后营销中的地位越来越重要。果实分级应根据果实的大小、色泽、病虫害、损伤等情况，结合不同类型、品种规定的分级标准进行。

（2）果实的分级类型。果实分级分为人工分级与机器分级。人工分级是通过人工选果，去除病虫果、损伤果。机器分级主要依据果实纵横径大小、果形、质量、色泽、表面缺陷及生物物料特性（果肉质地、内含物成分等）研制特定的分级机械，进行自动化、智能化分级，是比较先进的现代分级方式。随着经济和科技的发展，分级技术将会更加完善。例如，按照果实生物物料特性检测开发的分级系统，利用智能LCR（电感、电容电阻测量计）测试仪、圆形平板电极系统、计算机及水果电特性等无损检测软件，用非接触式无损检测方法在线测定果实不同内在品质的电特性差异而进行分级。我国梨主产区仍以人工分级为主，个别条件较好的基地采用了重量分级机械，极少涉及果实内在品质分级。

2. 包装

（1）包装类型。运输包装按材料分主要有木箱、纸箱、泡沫箱及塑料箱，其中塑料箱和纸箱应用得最普遍，纸箱的应用量在上升。包装按规格可以分为单层箱、双层箱和多层箱；形状有立方形和长立方形；颜色一般为白色、黑色、蓝色和灰色，前两种颜色较多。

（2）不同材料类型包装

1）塑料筐。塑料筐容量一般为 5~20 kg，有孔隙和抓手，塑料材质经久耐用，可重复使用。运输包装多选用可重复使用的塑料筐，一次性使用的小型有盖塑料筐在部分地区也有应用。

2）纸箱。纸箱以硬质纸板箱为主，形式有多种。根据提携适应性可分为有抓手型与无抓手型；根据表面印刷可分为彩色印刷型与无色印刷型两种；形状有长立方形和扁长立方形。一般箱体的侧面开有各式透气孔。纸箱既是运输包装，也是最普遍使用的销售包装。

3）软质塑料与硬质纸板混合型。这种包装一般为扁长立方形，加透明的塑料包装盖，浙江、江苏、山东等部分产地使用该类运输包装。

4）泡沫箱。这种包装一般为扁长立方形，加泡沫包装盖。

5）木箱。木箱是用单层木质材料或复合木板做成的长立方形、立方形果箱，安徽、山东、山西等产地有使用该类包装的。

6）纸箱和小塑料盒混合型。纸箱一般为扁长立方形，内置可放4个果实的透明小塑料盒，分两层放置，每层6盒，两层之间放有硬纸质隔板。

7）纸箱和软质塑料盘混合型。这种包装一般为扁长立方形，内放置两排有凹槽的软质塑料托盘，每个凹槽放置一个果实，一排放置8个，两排之间放有硬纸质隔板。

8）纸箱和纸质隔板混合型。这种包装一般为扁长立方形，内放置纸质隔板，每个格子里放置一个果实，一般一箱有4~12个格子不等，对分级要求比较严格。

(3) 内垫物和内包装。内垫物的材料主要有纸和无纺布，其中纸的类型有绞碎的纸条（细）、绞碎的纸条（粗）、刨花纸等；无纺布的类型有条状无纺布和不规则的无纺布碎料。目前使用较多的内包装物有三种：泡沫网、海绵和包装纸，其中泡沫网的使用最广泛，海绵的使用逐渐增多，泡沫网的颜色有白色、红色、粉红色等，白色最多。

(4) 包装形式

1) 直接包装型。直接包装型即将果实直接放入包装箱中。

2) 单果托衬包装型。单果托衬包装型即将每个果实用纸、网套包裹后，再放入包装箱中。

3) 整箱托衬包装型。整箱托衬包装型即先在箱内铺上专用纸条或海绵等内垫物，再装入果实。

4) 双层包装型。双层包装型即将每个果实用泡沫网包装后再用海绵单层包装，放入内衬油纸的包装箱中。

9.2 贮　　运

9.2.1 贮藏

1. 码垛方式

冷库中，周转箱有品字形和蜂窝形两种码垛方式。周转箱不能太大，垛内周转箱间应留有孔隙，垛与垛之间应留通风道，通风道方向与风筒走向垂直或与风筒出风方向平行。货物距冷库顶棚 0.3 m，距顶排管下侧 0.3 m，距顶排管横侧 0.2 m，距无排管的墙 0.2 m，距墙排管外侧 0.4 m，距冷风机 1.5 m，距风道底面 0.2 m。码垛要牢固、整齐，便于盘点、检查、进出库，货垛间隙走向应与库内气流循环方向一致，便于通风降温，以及提高库内气体浓度的均匀度［参照《黄冠梨库存管理规范》(DB13/T 1368—2011)］。码垛密度以 300 kg/m³ 左右为宜，库房要留有合理的走道，便于库内操作、车辆通行、设备检修，保证安全［参照《梨冷藏技术》(GH/T 1152—2017)］。箱子（纸箱或塑料筐）上应设有合适的通气孔以保证空气流通。箱体外侧标志要求字体清晰，易辨认，完整无缺，不易褪色［参照《优质鲜梨》(DB13/T 445—2002)］。

2. 贮前杀菌处理

果实采后病害会造成烂果，缩短保鲜时间，降低果实品质，常常给经营者和生产者带来巨大的经济损失。低温冷藏可减缓病虫害的发生，达到一定的防腐保鲜的目的，但不能完全防止病原微生物对水果的侵袭。梨果实贮前杀菌处理是减缓果实贮藏病害发生及降低腐烂率的重要且不可或缺的环节。利用臭氧的强氧化性和杀菌性，快速分解果蔬贮藏环境中的乙烯，杀灭贮藏环境中的微生物及细菌，以达到延长果蔬保鲜期的目的，为贮前杀菌的一种常用方式。例如，果实入库前，用质量浓度为 60 mg/m³ 的臭氧处理可显著抑制冷藏期间'黄冠'梨果实硬度、可溶性固形物及可滴定酸含量的下降，降低鸡爪病、黑心病的发病率及烂果率。建议将臭氧处理作为一种入库前或贮藏初期的杀菌手段，之后进行无菌或者低菌贮藏。采用（0±5）℃冷藏配合每隔 15 天臭氧处理 30 min，可抑制'黄冠'梨可溶性固形物、可滴定酸和维生素 C 含量的下降，较好地保持果实固有风味。而辐照保鲜是用辐射源产生的 γ 射线及加速器产生的高能电子束（EB）辐照农产品和食品（见图 9-9），利用电离辐射在食品中所产生的辐射化学和辐射生物学效应，达到抑制发芽、推迟成熟、杀虫灭菌、改进品质等目的的新型食品贮藏保鲜加工技术。冷藏前，用 0.5~1 kGy 的辐照剂量进行处理可显著降低'早生新水'梨冷藏期间果实的腐烂率和失重率，使果实较好地保持固有风味和外观色泽。结合温度为（1±0.5）℃、相对湿度为 80%~85% 的冷藏参数，此技术可使'早生新水'梨果实冷藏期延长至 30 天，货架期延长至 5 天。

3. 贮藏方式

（1）窖藏。窖藏（见图 9-10）多用于北方产区。经一系列的贮前杀菌处理后，当果温和窖温都接近 0℃时，梨果实方可入窖贮藏。入窖时，将不同等级的梨果实分开放置。窖内码垛时，要注意在垛间、箱间及垛的周围都留有通风间隙。贮藏前期着重库体通风，排除库内热空气；中期随着温度的下降，注意防寒，关闭通风系统；后期随着春季的来临和温度的升高，再次开启通风系统，引入冷空气，调节库内温度。当库内温度难以调节到适宜的贮藏温度时，应及时将果品出库销售。

图 9-9 高能电子束辐照杀菌处理

（2）通风库贮藏。通风库贮藏（见图 9-11）是一种利用冬季低温、昼夜温差大及有隔热功能的通风库，使果实处于相对稳定的低温条件下的贮藏方法。梨果实采摘后，装筐入库，通风码垛，调节库内温湿度，使温度维持在 -2~2℃，相对湿度维持在 85%~90%。对低温较为敏感的品种要注意防冻保温。

第 9 章 果实成熟期管理、采收和商品化处理

图 9-10 窖藏

图 9-11 通风库贮藏

（3）冷库贮藏。预冷至 0℃的果实可直接入冷库贮藏；未经预冷的果品不能直接入库，否则会加重梨黑心病的发生（见图 9-12）。一般入库时果实温度为 10℃左右，每周降低 1℃，降至 7~8℃后，每三天降低 1℃，直至降至 0℃左右，共需经历 30~50 天。贮藏对低温较敏感的品种时，库内温度降低至 2℃左右即可。库内相对湿度维持在 85%~90%。湿度过低，会导致长期贮藏的果实出现果皮皱缩、炸皮等现象（见图 9-13、图 9-14）。为减少失水，可采取地面洒水

图 9-12 冷藏梨果实黑心

或在库壁、通风道等处挂湿帘等方法，周转箱码垛时也可在垛处罩塑料布，以减少通风中的水分损失，塑料布厚度不要超过 0.04 mm。

图 9-13　冷藏期间果皮皱缩

图 9-14　冷藏期间果实炸皮

（4）气调贮藏。气调贮藏是指通过调整和控制食品贮藏环境的气体成分和比例及环境的温度和湿度来延长食品的贮藏寿命和货架期的一种技术。在低温贮藏的基础上改变贮藏环境的气体成分，降低 O_2（氧气）含量至 2%~10%，提高 CO_2（二氧化碳）的含量到 0%~5%，能有效抑制呼吸作用，延缓衰老及有关的生理生化活动，从而达到延长果实保鲜期的目的。目前常用的气调贮藏方式有 5 种：塑料薄膜气调贮藏、硅窗气调贮藏、催化燃烧降氧气调贮藏、充氮降氧气调贮藏和低乙烯气调贮藏。气调贮藏可使梨果实的贮藏期延长 1 倍，出库后货架期可延长 3 周左右，是普通冷藏的 3~4 倍，能使果实保持固有营养成分、硬脆质地、色泽、风味等，效果佳。气调贮藏可延长果实的保鲜期，抑制果实褐变的发生，但不同品种梨果实适宜的气调参数和冷害临界点均有较大差异。比例适宜的 O_2、CO_2、N_2（氮气）混合气体可以较好地保持果实的固有品质（见图 9-15），延长果实贮藏时间和货架期，比如 3% O_2 混合 1% CO_2 可较好地保持'圆黄'梨果实固有品质；5% CO_2 和 5%~8% O_2 混合可使'南果梨'冷藏期延长至 180 天，货架期达 11 天；0%~0.5% CO_2 和 3% O_2 混合是'黄金'梨适宜的气调贮藏条件。O_2 含量低于 5% 会诱导梨果实发生无氧呼吸而产生乙醇，从而导致果实在贮藏期间发生褐变（见图 9-16）；高含量 CO_2 会诱导梨果实发生褐变，风味和品质也随之降低。以'早生新水'梨为例，1% CO_2、8% O_2 和 91% N_2 的气体配比结合温度为（1±0.5）℃、相对湿度为 80%~85% 的冷藏条件，可使果实的冷藏期延长至 60 天，货架期达 3 天。注意预防 CO_2 积累而导致果肉及果心的褐变，影响果实的贮藏效果。若果实长期气调贮藏，当库内 CO_2 含量高于 2% 时，应进行通风换气，降低库内 CO_2 含量，减少乙烯等有害气体的积累。建议贮藏前期和后期每天通风换气 1~2 h，中期每 2~3 天通风换气 1 次，每次 1~2 h。

图 9-15 适宜气体比例贮藏的梨果实

图 9-16 贮藏期间发生无氧呼吸的梨果实

（5）1-MCP（1-甲基环丙烯）结合低温贮藏。1-MCP 是近几年来新发现的乙烯作用抑制剂，能够竞争结合乙烯受体。与硫代硫酸银、2,5-降冰片二烯、重氮环戊二烯等乙烯作用抑制剂相比，1-MCP 具有结构简单、无毒、无异味、稳定性好、易于合成、使用浓度极低等优点。用 1-MCP 处理梨果实可以减少乙烯的合成和信号转导。适宜浓度 1-MCP 结合 0~2℃ 低温冷藏，可显著降低'砀山酥梨''丰水'梨和'翠冠'梨的后熟和衰老速率，较好地保持果实贮藏期间的外观色泽和内在品质，但对'黄金'梨果实影响不显著。

4. 贮藏参数

与其他果品相比，梨具有较好的耐贮性，但对贮藏参数控制不当也会造成梨果皮转黄、返糖发黏、硬度下降甚至果心褐变等一系列影响采后品质及食用价值的现象发生，因而对梨贮藏环境条件的研究及确定显得尤为重要。其中温度、相对湿度、温湿度波动范围、空气流通速率、氧气浓度、二氧化碳浓度、乙烯浓度等均是影响果实贮藏性能的贮藏参数，需对各参数进行设定并进行全程监控，方可使果实达到理想的贮藏效果。

9.2.2 运输

1. 运输方式

果蔬物流冷链是指在低温条件下，果蔬采收、包装、装卸搬运、运输、贮藏、销售等各种冷藏作业过程的总和。冷链物流模式中的销售环节已扩展到消费者终端，它可以最大限度地保证果蔬品质不受影响，较好地满足市场与消费者的需求。运输的主要交通工具有面包车、普卡车、冰冷车、机冷车、冷藏集装箱、冷藏车、冷藏船等。

2. 运输距离

梨果实的运输距离与运输环境、振动强度、装卸和销售中的碰撞、冲击强度有关。果实在运输过程中主要发生共振破坏和疲劳破坏。当外界环境的振动频率接近于果实包装系统的固有频率时，果实的振动加速度峰值发生很大程度的放大，果实内部所受的作用力加强，当超过果实的耐振频率后，果实损伤逐步形成，称为共振破坏。而当两者频率相差较大，未形成共振破坏时，若果实的振动频率峰值长时间多次高于果实的耐受阈值，果实也会发生由内及外的慢性破坏，称为疲劳破坏。在运输振动作用下，上下果实不断相互碰撞和摩擦，长时间后接触部位会发生褐变及损害，同时会使果实细胞结构遭到破坏，而且随着振动的不断发生，碰撞产生的能量向深处传递，导致损害进一步在果肉中形成，逐步形成大面积损伤，导致不可逆损耗产生。货车车厢后部的振动加速度显著高于车厢前部，导致在同一堆放高度下，处于车厢后部梨果实的损伤面积明显大于车厢前部梨果实；而且在车厢同一位置，顶部塑料箱的振动加速度明显高于底部塑料箱，顶部塑料箱内的梨果实损伤率较底部塑料箱的梨果实明显高得多。包装箱所处堆码层数对果实的损伤有重要的影响，中间层梨果实的损伤最小。在同一包装箱内，最上层梨果实损伤最大，中间两层次之，最下层最小。

采用冷链运输、减振包装及缓冲材料可显著降低运输期间果实的损伤率。缓冲材料主要包括瓦楞纸板、蜂窝纸板、纸浆模塑、缓冲包装纸、可降解泡沫塑料、再生泡沫塑料盒、发泡植物纤维等。其中，瓦楞纸板是人们较早且最常使用的一种缓冲材料。不同厚度的缓冲材料产生不同的缓冲作用，在一定范围内，缓冲材料的厚度越大，吸收能量越大，减振效果越好。包装形式对缓冲性能也有一定的影响。其中，瓦楞纸板衬垫与隔板可以将梨损伤率减小15%～25%，瓦楞纸板衬垫、隔板及网袋联合包装形式可以使梨的损伤率减小 35%~45%。对摆放于车厢后部、顶部及包装箱最上层的果实应加强减振、缓冲材料的应用，以减少货损。

以'翠冠'梨果实为例，采用泡沫网缓冲材料单果包装后，摆放于双层带衬垫、隔板的瓦楞纸箱内，果实果心温度预冷至0℃后，运输距离<2 000 km，运输时间<48 h时，用普卡车运输即可；运输时间2~7天时，建议用冷链运输，温度设置为6~8℃，相对湿度控制在85%左右；超长途运输，运输时间7~30天时，必须用冷链运输，温度控制在1~2℃，相对湿度控制在85%~90%。应在冷链运输的瓦楞纸箱外套上厚度为0.03 mm的PE（聚乙烯）保鲜袋，或在纸箱内部衬厚度为0.03 mm的PE保鲜袋。

以'早生新水'梨果实为例，采用泡沫网缓冲材料单果包装后，摆放于双层带衬垫、隔板的瓦楞纸箱内，果实果心温度预冷至0℃后，运输距离<2 000 km，运输时间<48 h时，用普卡车运输即可；运输距离2 000~5 000 km，运输时间2~5天时，采用冷链运输，温度设置为6~8℃，相对湿度控制在85%左右；运输时间5~14天时，采用冷链运输，温度设置为4℃，温度波动±1℃，相对湿度控制在85%~90%；运输时间14~30天时，采用冷链运输，温度设置为1℃，温度波动±1℃，相对湿度控制在90%。应在冷链运输的瓦楞纸箱外套上厚度为0.03 mm的PE保鲜袋，或在纸箱内部衬厚度为0.03 mm的PE保鲜袋。

以J2-8-7梨果实为例，采用泡沫网缓冲材料单果包装后，摆放于双层带衬垫、隔板的瓦楞纸箱内，果实果心温度预冷至0℃后，运输时间2~7天时，用普卡运输即可；超长途运输，运输时间7~30天时，必须用冷链运输，温度设置为4~6℃，相对湿度控制在85%~90%。应在冷链运输的瓦楞纸箱外套上厚度为0.03 mm的PE保鲜袋，或在纸箱内部衬厚度为0.03 mm的PE保鲜袋。

3. 运输参数

物流过程中的运输参数及果实抗冲击特性造成的货损主要有两种，一种是机械损伤，指果实从采摘到食用过程中在静力或动力作用下产生的果体变形或果肉变质的现象；另一种是腐烂性货损，果实具有生命活动，在运输途中还能新陈代谢、继续发育，如果在运输过程中采用的技术不当，货物所处环境的温度和湿度不适，其耐运性和抗病性会大大减弱，最终腐烂变质。综合以上致损因子的影响，梨果实的运输参数为运输车温湿度、温湿度波动范围，运输车或小包装内氧气、二氧化碳、乙烯等气体浓度，运输期间的振动强度，装卸与销售中的碰撞与冲击强度。应综合以上运输参数，确定不同品种梨果实的运输距离。

9.3 监 测

9.3.1 抽检方法

1. 抽样方法

批量货物取样应及时,每批货物要单独取样。若运输途中发生损坏,其损坏部分(盒子、袋子等)必须与完整部分隔离,并进行单独取样。抽检货物时要从批量货物的不同位置和不同层次随机取样。对有包装(木箱、纸箱、塑料筐等)的产品,货物量≤100件时,抽检货物取样件数为5件;货物量为101~300件时,抽检货物取样件数为7件;货物量为301~500件时,抽检货物取样件数为9件;货物量为501~1 000件时,抽检货物取样件数为10件;货物量≥1 001件时,抽检货物取样件数≥15件。实验室进行指标测定时,取样量≥3 kg。

2. 检验方法

(1)常规有损检测

1)测定果实硬度。用水果刀削去果实赤道线两侧对称位置的果皮后,用FTA(质构仪)自动型果实硬度计测定果实硬度。

2)测定可溶性固形物含量。取果实赤道线两侧对称部位果肉,用手持阿贝折光仪测定未经稀释汁液的可溶性固形物含量。

3)测定可滴定酸含量。随机取样7个果实,称取100 g左右果肉,加入100 mL蒸馏水,用均质器打成匀浆,取20 g匀浆用蒸馏水定容至100 mL,过滤收集滤液。吸取20 mL滤液,加1%酚酞指示剂2滴,用0.05 mol/L的氢氧化钠标准溶液滴定,至初成淡红色且半分钟不褪色为止,记下氢氧化钠的用量。重复三次取其平均值。

$$可滴定酸含量(\%) = \frac{滴定体积 \times 0.05 \times 0.067 \times 10\ 000}{20 \times 40} \times 100\%$$

4)HPLC法(高效液相色谱法)测定糖酸含量。取备存于-70℃超低温冰箱中的样品20 g,加入液氮研磨,取质量为0.5 g左右的粉末3份于离心管中,加入5 mL提取液(无水乙醇与0.4%偏磷酸的体积比为4∶1)浸提24 h(过夜),以10 000 r/min的转速离心10 min,取上清液进行浓缩,用超纯水溶解后,过0.22 μm的滤膜,待测。用高效液相色谱仪（安捷伦1100）测定样品中的糖酸含量。

总糖含量（mg/g）= 蔗糖含量+葡萄糖含量+果糖含量+山梨醇含量

总酸含量（mg/g）= 苹果酸含量+奎宁酸含量+柠檬酸含量

（2）无损检测

1）可见光谱和图像分析技术。该技术通过对波长为380~780 nm的可见光谱的感知和识别，对果实的颜色、亮度等进行分析和描述。目前应用的色差仪法测定果实颜色、亮度主要是基于可见光谱和图像分析技术进行分析的。

2）近红外光谱分析技术。该技术即用波长为780~2 500 nm的近红外光照射果实，光谱特征曲线随果面反射、散射、吸收特征的变化而改变，目前主要用于测定果实糖分或可溶性固形物含量。

3）力学方法检测果实硬度。通过检测果实的振动频率，用冲击力法可测果实硬度。用激振法或打击反响音法可测定果实的成熟度和内部缺陷。

4）电子鼻分析检测技术。该技术即利用果实的化学特性，运用由气敏传感器阵列、信号预处理单元和模式识别单元组成的电子鼻系统进行分析测定，主要用于测定果实的主成分芳香物质含量。

5）核磁共振分析检测技术。该技术是利用果品电磁特性进行果品内部水分分布、迁移及内部缺陷观测的一种无损检测方法，分为主动特性法和被动特性法。主动特性法是指利用果品自身所具有的某种电磁学特性进行测量的方法；被动特性法是指将待测物置于电磁场内，利用其受电磁影响后反过来对外部环境施加影响的特性进行测量的方法。核磁共振分析与成像系统可进行果蔬的保鲜、贮藏、冷藏、冷冻、解冻等过程中水分分布、迁移等多个指标的研究与分析，利用无损检测手段确定果实的安全贮藏期及贮藏状态。

9.3.2 冷藏风险

1. 病害发生

（1）梨轮纹病。梨轮纹病是我国梨的主要病害之一，属于侵染性病害，通常是刚采收时发病较轻，贮藏15~30天后，病果率增加。梨轮纹病多在近成熟期和贮运期发生。发病初期，果实以皮孔为中心，生成灰褐色水渍状小斑点，之后病斑逐渐扩大，形成深浅不同且较明显的同心轮纹，病斑表面常分泌茶褐色黏液，中央部位陆续形成散生的小黑点，即病原菌的分生孢子器，在25℃条件下，病斑迅速扩展，经3~5天全果腐烂，发出酸臭气味。

（2）梨炭疽病。接近采收期受该病侵染的果实，常在贮藏前期显示症状；初期病斑为针头状褐色小点，果上病斑数量不定，随后逐渐发展成大小不一的淡褐色圆形凹斑，逐渐从果皮向果实内部呈漏斗状腐烂，果肉变褐色，有轻微苦味，病斑表面凹陷，从病斑中心向外生成同心轮纹状排列的黑色小点，潮湿条件下，其上产生橙红色、黏粒状的粘孢子团，多数病斑融合成大块不定形状病疤，致使果实大部分发病腐烂。

（3）梨青霉病。此病属侵染性病害，在我国分布比较广泛，是梨贮运中最严重的烂果病害之一，尤其在薄膜袋装的果实中发生更为严重。发病初期果面呈黄白色，之后病斑呈水渍状下陷，病斑呈圆形，并由果皮向果肉深层腐烂，烂果肉呈漏斗状。温度较高时，病斑发展十分迅速，发病十余天后全果腐烂。在潮湿空气中病斑表面初为白色菌丝，之后变为青绿色粉状孢子，孢子易随风飞散，侵染其他果实。腐烂果有特殊的霉味。

（4）梨煤污病和蝇粪病。煤污病是贮藏期梨的常见病，常与蝇粪病混合发生，病果率可高达100%，严重降低果实品质和商品价值。病果多是在田间被病菌侵染，但病情在贮藏期可继续发展。病果表面生黑褐色霉斑，似煤烟熏过，霉斑常扩及大部分至全部果面。

（5）梨黑星病（灰霉病）。此病在贮藏期中国梨品种中发病较为普遍，病果率可达10%左右。病果多是在田间成熟期被病菌侵染的，但病菌在贮藏期也可产生分生孢子，侵染果实。贮藏期发病的果实，病斑较小，直径1~2 mm，仅限于表层，不凹陷，不开裂，扩展缓慢，表面也生黑霉，但没有田间病果上的黑霉浓密。

2. 品质劣变

果实适当早采可以较好地保持果实在贮藏期间的硬度和风味，减轻和推迟梨黑心病的发生，从而延长果实的货架寿命，提高贮藏质量。但若采收过早，则可滴定酸含量过高，淀粉也未转化完全，会影响果实的适口性，贮藏后风味不好，贮藏期间也易失水。贮藏梨果应适时早采，鲜食梨果应等到正常成熟时采收。梨果实成熟时正值上海高温高湿季节，果实在常温货架放置5~7天即会出现果肉软化、果皮失水皱缩等现象，食用和经济价值显著降低。低温可延长果实的保鲜期，但长期或不适低温冷藏易使梨果实发生褐变（果皮发黑、果肉发黑或靠近果核处发黑），果肉软化，糖酸比失调等品质劣变问题。梨果肉或果心褐变是梨贮藏过程中的常见现象，也是某些优质梨（如'黄金'梨、'黄花'梨等）长期贮藏的主要限制因素。贮藏温度过低或空气中二氧化碳浓度过高均会使果实产生褐变而导致品质劣变。据调查，我国梨果实采后从包装、贮运到上市销售期间平均损耗高达1/3。

第9章 果实成熟期管理、采收和商品化处理

 技能要求

基础冷库管理

操作步骤

步骤一：贮前杀菌和试运行。贮藏前，需要将库房彻底清扫，冲洗干净，冷库必须消毒，进行温度调试，并提前试运行1~2天。可用臭氧进行杀菌处理，臭氧气体发生量为150 mg/h，通入20 min，臭氧处理浓度为300 mg/m³；或用巴氏消毒液喷施擦拭消毒；或用硫黄和高锰酸钾烟熏消毒。

步骤二：温湿度设定。基础冷库温度波动不可超过±1℃，发现温度显示异常，应及时维护。

步骤三：库内货物摆放。不能把产品直接散铺在地面上，底部应加垫层。应及时清理冷库中的腐败物品，以防对冷库造成腐蚀。

步骤四：冷库运行期间的档案管理。库房管理员应定期检查库存产品，做到账、卡、物相符，发现缺少、损坏、接近有效期或其他异常情况应及时向有关领导汇报。

特别提示：

1. 冷库具有怕水、怕潮、怕热气、怕跑冷等特性，不得在库内进行多水性作业，要严防水气进入绝缘层。

2. 产品出入库时，要随时关门，开门时间一般不超过10 min。库门如有损坏应及时维修，做到开启灵活、关闭严密，防止跑冷。

气调库管理

操作步骤

步骤一：贮前杀菌和试运行。贮藏前，需要将库房彻底清扫，冲洗干净，冷库必须消毒，进行温度调试，并提前试运行1~2天。

步骤二：温湿度设定。基础冷库温度波动不可超过±1℃，发现温度显示异常，应及时维护。

步骤三：库内氧气、二氧化碳、氮气比例设定，去乙烯浓度设定。

步骤四：果品入库，品字形摆放，留有通风道。在每间气调库的门上书写危险标志，如"危险——库内气体不能维持人的生命"。在封库之后，气调门及其小门应加锁，防止

闲杂人员擅自入库。

步骤五：封库。一旦封库，人不得入库工作，即使带上氧气呼吸器，也只能在非常情况下短期入库工作。要求库体内部结构（包括隐蔽工程和库内设施）安全可靠。

步骤六：样品检验。气调观察窗至少宽600 mm，高750 mm，使背后绑扎着呼吸装置的人员可以安全通过。在靠近库内冷风机处，放一架梯子，以便检修设备时使用。

果 品 抽 检

操作步骤

步骤一：若货物运输途中发生损坏，其损坏部分（盒子、袋子等）必须与完整部分隔离，并进行单独取样。

步骤二：抽检货物时要从批量货物的不同位置和不同层次随机取样。对有包装（木箱、纸箱、塑料筐等）的产品，货物量≤100件时，抽检货物取样件数为5件；货物量为101~300件时，抽检货物取样件数为7件；货物量为301~500件时，抽检货物取样件数为9件；货物量为501~1 000件时，抽检货物取样件数为10件；货物量≥1 001件时，抽检货物取样件数≥15件。

步骤三：在实验室进行指标测定，取样量≥3 kg。

本章测试题

单项选择题（选择一个正确的答案，将相应的字母填入题内的括号中）

1. 果实成熟度的外观判断依据是（　　）。
   A. 果皮颜色　　　B. 果肉风味　　　C. 种子颜色　　　D. 以上都是

2. 果实包装的目的是便于（　　）。
   A. 贮藏保鲜　　　　　　　　　　　B. 运输装卸，减轻伤害
   C. 销售　　　　　　　　　　　　　D. 以上都是

3. 果实贮藏前需预冷，目的是（　　）。
   A. 迅速去除田间热和呼吸热，降低腐烂率
   B. 延长果实贮藏期和货架期
   C. 延缓梨黑心病的发生

D. 以上都是

4. 梨黑心病发生的原因是（　　）。

　　A. 二氧化碳浓度过高或长期、不适的低温冷藏

　　B. 氧气浓度过高

　　C. 氮气浓度过高

　　D. 以上都是

本章测试题答案

单项选择题

1. A　　2. D　　3. D　　4. A

理论知识考试模拟试卷及参考答案

梨树栽培理论知识试卷

注 意 事 项

1. 本试卷考试时间：60 min。
2. 请在试卷规定位置填写姓名、准考证号。
3. 请仔细阅读答题要求，在规定位置填写答案。
4. 不要在试卷上乱写乱画，不要在封标区填写无关的内容。

题型	单项选择题	评分人
配分	100	
得分		

单项选择题（第 1~100 题。选择一个正确的答案，将相应的字母填入题内的括号中。每题 1 分，满分 100 分）

1. 梨树花芽为（　　）。
   A. 纯花芽　　　B. 混合花芽　　　C. 顶花芽　　　D. 腋花芽

2. 枝干的功能有（　　）。
   A. 支撑　　　B. 贮藏养分　　　C. 输导　　　D. 以上都是

3. 梨树根系生长的适宜温度为（　　）。
   A. 30℃以上　　　B. 0~15℃　　　C. -1℃以下　　　D. 20~25℃

4. 按照子房位置分类，梨花属（　　）花。
   A. 子房上位　　　B. 子房中位　　　C. 子房下位　　　D. 都有可能

5. 梨种子可以（　　）。
   A. 做砧木繁殖后代　　　B. 选育新品种
   C. 直接用作栽培的定植苗　　　D. A 和 B

6. 目前中国栽培梨的主要种类有（　　）种。
   A. 10　　　B. 8　　　C. 2　　　D. 5

7. ( ) 可以在上海地区普遍种植。
   A. 砂梨　　　　B. 秋子梨　　　　C. 西洋梨　　　　D. 白梨

8. 目前上海地区种植的梨主要是（ ）。
   A. 极早熟梨　　B. 早熟梨　　　　C. 中熟梨　　　　D. 晚熟梨

9. 上海地区中熟梨种植面积占梨树总种植面积的（ ）。
   A. 20%　　　　B. 50%　　　　　C. 70%　　　　　D. 100%

10. 以下品种皮色是褐色的是（ ）。
    A. '早生新水'梨　B. '翠冠'梨　　C. '雪青'梨　　　D. '鸭梨'

11. 以下品种皮色是绿色的是（ ）。
    A. '早生新水'梨　B. '清香'梨　　C. '黄花'梨　　　D. '菊水'梨

12. 以下品种不宜做授粉树的是（ ）。
    A. '清香'梨　　B. '黄花'梨　　C. '新高'梨　　　D. '翠冠'梨

13. 梨树需冷量大致是（ ）h（0~7.2℃）。
    A. 100~200　　B. 0~100　　　C. 800~1 200　　D. 2 000~3 000

14. 砂梨生产区年均降雨量要求为（ ）。
    A. 200 mm以下　B. 1 000 mm左右　C. 400~600 mm　D. 2 000 mm左右

15. 白梨生产区年平均温度为（ ）℃。
    A. 15~20　　　B. 25~30　　　C. 7~15　　　　D. 0~10

16. 西洋梨在中国主要分布在（ ）。
    A. 环渤海湾　　B. 环杭州湾　　C. 珠江三角洲　　D. 西北地区

17. 秋子梨生产区年平均温度为（ ）℃。
    A. 15~20　　　B. 25~30　　　C. -10~0　　　　D. 4~12

18. 下述可以耐-30℃低温的是（ ）。
    A. 秋子梨　　　B. 白梨　　　　C. 砂梨　　　　　D. 西洋梨

19. 授粉品种和主栽品种的比例为（ ）。
    A. 1∶1　　　　B. 1∶(2~4)　　C. 1∶(8~10)　　D. 1∶(11~12)

20. 省力化果园操作道路宽度为（ ）。
    A. 1 m　　　　B. 2~3 m　　　C. 6 m　　　　　D. 随意

21. 棚架栽培建园时定植合适的行距是（ ）m。
    A. 2　　　　　B. 3　　　　　C. 1　　　　　　D. 4~6

22. 回填定植穴土方时，要求（ ）。
    A. 操作方便　　　　　　　　　　　B. 先填表土，再填心土

C. 表土、心土混匀后回填　　　　　　D. 随便回填

23. 上海地区梨园防风林的主要作用是（　　）。
    A. 提高温度　　　　　　　　　　　B. 提高湿度
    C. 降低风速，减少风害影响　　　　D. 美观

24. 棚架栽培的作用是（　　）。
    A. 好看　　　B. 抗风、提高品质　　C. 提高产量　　　D. 便于管理

25. 设施栽培对果树生长的影响是（　　）。
    A. 促进营养生长　　B. 促进花芽形成　　C. 没有影响　　D. 抑制生长

26. 温暖地区梨苗定植时间以（　　）为好。
    A. 4月　　　　B. 5月　　　　C. 12月至次年2月　　D. 6月

27. 优质苗木高度要求是（　　）。
    A. 40 cm　　　B. 50 cm　　　C. 60 cm　　　D. 100 cm以上

28. 定植前苗木处理即（　　）。
    A. 嫁接苗解绑、根系浸泡　　　　　B. 不用解绑嫁接苗和浸泡根系
    C. 根系浸泡　　　　　　　　　　　D. 嫁接苗解绑

29. 上海地区疏散分层形梨苗定干高度为（　　）cm。
    A. 30~40　　　B. 50~70　　　C. 20~30　　　D. 120~150

30. 梨苗定植后（　　）施肥。
    A. 马上　　　　　　　　　　　　　B. 待新梢长到10~15 cm后开始
    C. 待新梢长到50 cm后开始　　　　 D. 任何时间均可

31. 能保持梨品种特性稳定的繁殖方式是（　　）。
    A. 杂交种子繁殖　　B. 嫁接繁殖　　C. 种子播种繁殖　　D. 实生繁殖

32. 种前层积处理砧木种子（　　）。
    A. 秋播的需要层积，春播的不需要层积　　B. 秋播不需要层积，春播需要层积
    C. 秋播、春播都不需要层积　　　　　　　D. 秋播、春播的都需要层积

33. 嫁接苗（　　）。
    A. 可保持品种遗传性状　　　　　　B. 会出现多样性
    C. 可选出新品种　　　　　　　　　D. 经常产生突变

34. 某个品种接穗在一个砧木品种上嫁接，一直表现嫁接成活低或接不活最有可能是（　　）问题。
    A. 嫁接技术　　B. 大小脚现象　　C. 品种不抗病　　D. 亲和力

35. 目前我国一般梨树砧木苗的来源是（　　）。

A. 嫁接　　　　　B. 种子播种　　　　C. 枝条扦插　　　　D. 根系扦插

36. 砧木苗种类一般是（　　）。
    A. 杜梨　　　　　　　　　　　　　　B. 豆梨
    C. 南方砂梨用豆梨，北方白梨用杜梨　　D. 北方用豆梨，南方用杜梨

37. 砧木与接穗之间（　　）。
    A. 只是物理结合　　　　　　　　　　B. 相互存在一定的影响
    C. 只是砧木对接穗有影响　　　　　　D. 只是接穗对砧木有影响

38. 接穗较长期保存的环境条件是（　　）。
    A. 保湿　　　　B. 低温、保湿　　　　C. 低温　　　　D. 以上都不是

39. 苗床宽度和长度为（　　）。
    A. 1 m×15 m　　B. 2 m×100 m　　C. 3 m×1 000 m　　D. 4 m×100 m

40. 砧木种子播种覆土厚度为种子大小的（　　）倍。
    A. 0.5　　　　　B. 2　　　　　　C. 5　　　　　　D. 10

41. 上海砧木苗播种在（　　）。
    A. 秋季　　　　B. 冬季　　　　C. 春季　　　　D. 夏季

42. 春季梨树苗木嫁接一般用（　　）。
    A. 劈接法　　　B. 根接法　　　C. 插皮枝接法　　D. 切接法

43. 短时期（树皮）皮层切断会导致（　　）。
    A. 有机营养向下运输受阻　　　　　　B. 没影响
    C. 树死掉　　　　　　　　　　　　　D. 水分运输受阻

44. 以下嫁接时间和方法正确的是（　　）。
    A. 秋季芽接、春季枝接　　　　　　　B. 秋季枝接、春季芽接
    C. 秋季、春季都是枝接　　　　　　　D. 春季、秋季都是芽接

45. 枝接时接穗粗度与砧木粗度最好是（　　）。
    A. 相近　　　　B. 接穗比砧木粗　　C. 差异较大　　D. 砧木略粗

46. 芽接后剪砧应在接芽上（　　）cm处。
    A. 10　　　　　B. 0.5～1　　　　C. 15　　　　　D. 5～10

47. 苗木出圃前，要挂牌标明（　　）。
    A. 接穗品种　　　　　　　　　　　　B. 砧木品种
    C. 来源　　　　　　　　　　　　　　D. 品种、数量、等级

48. 上海地区梨树花药发育时间是（　　）。
    A. 3～4月　　　B. 5～7月　　　C. 8～10月　　　D. 2～3月

49. 果实发育从（　　）开始。
    A. 萌芽　　　　　B. 落花后　　　　　C. 幼果　　　　　D. 开花前
50. 光合作用在（　　）中进行。
    A. 线粒体　　　　B. 叶绿体　　　　　C. 核糖体　　　　D. 液泡
51. 生产上根据梨树生长年周期制定（　　）。
    A. 梨树管理历　　B. 产量计划　　　　C. 喷药计划　　　D. 施肥计划
52. 生物学有效积温在梨树管理中最多应用于（　　）。
    A. 梨树花期预测　　　　　　　　　　B. 果实品质预测
    C. 病虫害发生量预测　　　　　　　　D. 果实产量预测
53. 最适合疏花蕾的时期是（　　）。
    A. 芽休眠时　　　B. 花序分离时　　　C. 盛花期　　　　D. 落花期
54. 花药烘烤散粉温度应不高于（　　）℃。
    A. 20　　　　　　B. 25　　　　　　　C. 30　　　　　　D. 35
55. 生产绿皮梨（　　）。
    A. 一般用内侧黑色的单层袋
    B. 一般用内黄外白的蜡纸袋、内黄外黄的蜡纸袋
    C. 不能用塑料袋和废报纸袋
    D. 一般用内层黑色的双层袋
56. 为提高品质，应（　　）。
    A. 提高产量　　　B. 确定合理负载量　C. 多施化肥　　　D. 以上都是
57. 梨树一般不用（　　）树形。
    A. 自然圆头形　　B. 疏散分层形　　　C. 主干形　　　　D. 开心形
58. 目前，世界范围内梨树省力化栽培一般采用（　　）树形。
    A. 疏散分层形　　B. 纺锤形　　　　　C. 开心形　　　　D. 细长纺锤形
59. 疏枝的修剪目的是（　　）。
    A. 减少枝量　　　B. 形成花芽　　　　C. 抽生中短枝　　D. 形成芽丛
60. 上海地区夏季修剪时间为（　　）。
    A. 2月　　　　　B. 6—7月　　　　　C. 11月　　　　　D. 12月
61. 6月底7月初拉枝的目的一般是（　　）。
    A. 促进扩大树冠　B. 促进成花　　　　C. 提高座果率　　D. 刺激营养生长
62. 短截的作用是（　　）。
    A. 缓和树势　　　B. 促进成花　　　　C. 提高座果率　　D. 刺激营养生长

63. 冬季修剪的目的是（　　）。
    A. 培养理想树形，协调营养生长和生殖生长的关系
    B. 缩小树冠
    C. 促进生长
    D. 抑制生长

64. 当土壤渗透压大于植物根系渗透压时（　　）。
    A. 根系容易吸水　　B. 根系容易失水　　C. 根系不受影响　　D. 根系水分平衡

65. 下列关于田间持水量的描述不正确的是：田间持水量（　　）。
    A. 是土壤中所能保持悬着水的最大量　　B. 一般认为是一个常数
    C. 能够精确测定　　　　　　　　　　　D. 是对作物有效的最高的土壤含水量

66. （　　）时需氮多。
    A. 开花　　　　　B. 授粉、受精　　　C. 座果　　　　　D. 以上都是

67. 梨树叶面喷肥用尿素的浓度是（　　）。
    A. 5%~6%　　　　B. 0.2%~0.3%　　　C. 小于10%　　　 D. 0.02%~0.03%

68. 梨树施基肥的方法有（　　）。
    A. 环施、全园撒施　　　　　　B. 放射状施
    C. 条状沟施　　　　　　　　　D. 以上都是

69. 果园生草会（　　）。
    A. 增加病害　　B. 增加肥料用量　　C. 增加虫害　　D. 改善土壤微环境

70. 梨园间作管理包括（　　）。
    A. 加强间作物的肥水管理　　　B. 使间作物与梨树保持合适距离
    C. 间作物翻入土　　　　　　　D. 以上都是

71. 我国梨树设施栽培的种类为（　　）。
    A. 钢管单棚　　B. 钢管连栋棚　　C. 竹木连栋大棚　　D. 以上都是

72. 梨树设施栽培（　　）。
    A. 可以提高糖度　　　　　　　　B. 可以改善光照
    C. 可以提早成熟，增大果实　　　D. 没有作用

73. 梨树有机栽培时以下做法中正确的是（　　）。
    A. 使用化肥　　B. 使用化学农药　　C. 使用生长调节剂　　D. 人工除草

74. 梨园周围种植松柏树容易引发（　　）。
    A. 梨黑星病　　B. 梨锈病　　C. 梨黑斑病　　D. 梨轮纹病

75. 以下最容易发生梨黑星病的品种是（　　）。

A. '鸭梨'   B. 西洋梨   C. '黄花'梨   D. '新高'梨

76. 以下较易发生梨轮纹病的是（ ）。
    A. 梅雨季节   B. 高温干旱的夏季   C. 少雨的秋季   D. 少雨的冬季

77. 20 世纪 70 年代造成江浙沪等地不能种植'二十世纪'梨的病害是（ ）。
    A. 梨黑星病   B. 梨黑斑病   C. 梨锈病   D. 梨轮纹病

78. 西洋梨与砂梨相比更容易感染（ ）。
    A. 梨黑星病   B. 梨锈病   C. 梨黑斑病   D. 梨干腐病

79. 梨炭疽病主要为害（ ）。
    A. 叶片   B. 枝干   C. 果实   D. 以上都是

80. 通过观察记录，我们可以预测虫害（ ）。
    A. 发生期   B. 发生数量
    C. 扩散蔓延速度、趋势   D. 以上都是

81. 上海地区梨树控制梨木虱为害的关键时间为（ ）。
    A. 花期前后   B. 采收期   C. 采收后   D. 冬季

82. 为害梨树的主要螨类是（ ）。
    A. 山楂叶螨   B. 梨红蜘蛛   C. 桃树红蜘蛛   D. 柑橘红蜘蛛

83. 上海地区梨小食心虫越冬虫态为（ ）。
    A. 卵   B. 幼虫   C. 老熟幼虫结茧   D. 成虫

84. 上海主要刺蛾种类为（ ）。
    A. 扁刺蛾   B. 黄刺蛾   C. 绿刺蛾   D. 以上都是

85. 梨瘿蚊主要为害（ ）。
    A. 幼叶   B. 枝   C. 花   D. 根

86. 冬季树干涂白剂有（ ）。
    A. 硫酸铜石灰涂白剂   B. 硫黄石灰涂白剂
    C. 黄泥石灰涂白剂   D. 以上都是

87. 冬季病虫害防治方法有（ ）。
    A. 喷药   B. 深翻土壤
    C. 清理枯枝落叶，刮除病斑   D. 以上都是

88. 梨园病虫害综合防治措施有（ ）。
    A. 预测预报   B. 农业防治、物理防治、生物防治
    C. 药物防治   D. 以上都是

89. "梨花开，实蜂出"属于（ ）。

A. 有效积温预测法 　　　　　　　　B. 发育进度预测法

C. 物候预测法 　　　　　　　　　　D. 扩散蔓延预测法

90. 农业防治的措施有（　　　）。

　　A. 合理施肥、修剪 　　　　　　　B. 剪除病虫枝

　　C. 清除枯枝落叶，冬季深翻果园 　D. 以上都是

91. 利用黄板防治蚜虫属于（　　　）。

　　A. 化学防治　　B. 物理防治　　C. 生物防治　　D. 人工防治

92. 以下属于生物防治的是（　　　）。

　　A. 利用黄板诱虫 　　　　　　　　B. 利用信息素捕杀梨小食心虫

　　C. 利用杀灭菊酯杀刺蛾 　　　　　D. 利用三唑酮防锈病

93. 绿色食品生产需要规范（　　　）。

　　A. 农药使用　　B. 化肥使用　　C. 管理制度　　D. 以上都是

94. 合理使用农药应（　　　）。

　　A. 注意安全期 　　　　　　　　　B. 选择低毒、高效农药

　　C. 严格剂量，适症适药 　　　　　D. 以上都是

95. 为提高喷药质量，喷药应（　　　）。

　　A. 从内到外，从下到上，依次进行　B. 从外到内，从上到下，依次进行

　　C. 从内到外，从上到下，依次进行　D. 从外到内，从下到上，依次进行

96. 农药保管中不规范的做法是（　　　）。

　　A. 单独保管　　B. 避光保存　　C. 同杂物混放　　D. 做好出入库登记

97. 以下关于农药安全生产的表述错误的是（　　　）。

　　A. 使用违禁农药 　　　　　　　　B. 安全生产认证允许使用农药

　　C. 按安全规范进行配药 　　　　　D. 按安全规范喷洒农药

98. 为使早熟梨种子提高萌芽率，可以（　　　）。

　　A. 进行种子冷藏　　B. 2~5℃冷藏果实　　C. 延迟采收　　D. 以上都是

99. 梨果品冷藏期主要病害为（　　　）。

　　A. 梨黑斑病　　B. 梨干腐病　　C. 梨锈病　　D. 梨青霉病

100. '菊水'梨冷藏容易发生的病害是（　　　）。

　　A. 梨白粉病　　B. 梨干腐病　　C. 梨轮纹病　　D. 以上都是

梨树栽培理论知识试卷参考答案

1. B	2. D	3. D	4. C	5. D	6. D	7. A	8. B	9. A	10. A
11. D	12. C	13. C	14. B	15. C	16. A	17. D	18. A	19. B	20. C
21. D	22. B	23. C	24. B	25. A	26. C	27. D	28. A	29. B	30. B
31. B	32. B	33. A	34. D	35. B	36. C	37. B	38. B	39. A	40. B
41. C	42. D	43. A	44. A	45. D	46. B	47. D	48. D	49. B	50. B
51. A	52. A	53. B	54. C	55. B	56. B	57. A	58. D	59. A	60. B
61. B	62. D	63. C	64. B	65. C	66. D	67. B	68. D	69. D	70. D
71. D	72. C	73. D	74. B	75. A	76. A	77. B	78. D	79. C	80. D
81. A	82. A	83. C	84. D	85. A	86. D	87. D	88. D	89. C	90. D
91. B	92. B	93. D	94. D	95. A	96. C	97. A	98. D	99. D	100. C

操作技能考核模拟试卷

注 意 事 项

1. 考生根据操作技能考核试题单中所列的试题做好考核准备。
2. 请在试卷规定位置填写姓名、准考证号。
3. 请仔细阅读答题要求,并按要求完成操作或进行笔答或口答,若有笔答请考生在答题卷上完成。
4. 操作技能考核时要遵守考场纪律,服从考场管理人员指挥,以保证考核安全顺利进行。

梨树栽培操作技能考核通知单

姓名:

准考证号:

考核日期:

试题1

试题代码:1.1.1。

试题名称:梨树种类、品种和病虫害种类识别。

考核时间:30 min。

配分:15分。

试题2

试题代码:2.1.1。

试题名称:嵌芽嫁接。

考核时间:30 min。

配分:15分。

试题 3

试题代码：3.1.1。

试题名称：疏散分层形修剪。

考核时间：30 min。

配分：20 分。

试题 4

试题代码：4.1.1。

试题名称：200 倍等量式波尔多液配制和喷洒。

考核时间：30 min。

配分：20 分。

梨 树 栽 培
试 题 单

准考证号：

试题代码：1.1.1。

试题名称：梨树种类、品种和病虫害种类识别。

考核时间：30 min。

1. 操作条件

（1）放置图片的操作台 1 张，凳子 1 个，答题笔 1 支。

（2）5 种梨树和 10 种病虫害图片。

2. 操作内容

根据图片（见彩图 24）识别 5 种梨树和 10 种病虫害，写在答题卷上。

（1）正确标明（1）（2）号图片上的梨树种类名称。

（2）正确标明（3）（4）（5）号图片上的梨树品种名称。

（3）正确标明（6）～（10）号图片上的梨树病害名称。

（4）正确标明（11）～（15）号图片上的梨树虫害名称。

3. 操作要求

（1）根据图片，写出梨树种类、品种、病害、虫害名称。

（2）依照编号，对应注明。

（3）书写工整，卷面整洁。

梨 树 栽 培
答 题 卷

准考证号：

试题代码：1.1.1。

试题名称：梨树种类、品种和病虫害种类识别。

考核时间：30 min。

根据图片识别梨树种类、品种和病虫害种类，写在答题卷上。

1. 列明 2 个梨树种类

(1) _____

(2) _____

2. 列明 3 个梨树品种

(3) _____

(4) _____

(5) _____

3. 列明 5 种病害

(6) _____

(7) _____

(8) _____

(9) _____

(10) _____

4. 列明 5 种虫害

(11) _____

(12) _____

(13) _____

(14) _____

(15) _____

梨 树 栽 培
试题评分表及参考答案

考生姓名：　　　　　　　　准考证号：

1. 试题评分表

试题代码及名称	1.1.1 梨树种类、品种和病虫害种类识别		考核时间	30 min
评价要素	配分（分）	评分细则	得分（分）	
识别正确	15	每个名称识别正确得1分		
合计配分	15	合计得分		

考评员（签名）：

2. 参考答案

（1）白梨 （2）西洋梨 （3）'翠冠'梨 （4）'新世纪'梨 （5）'早生新水'梨 （6）梨黑星病 （7）梨轮纹病 （8）梨黑斑病 （9）梨根瘤病 （10）梨炭疽病 （11）梨二叉蚜 （12）梨网蝽 （13）茶翅蝽 （14）黄刺蛾 （15）白星花金龟

梨 树 栽 培
试 题 单

准考证号：

试题代码：2.1.1。

试题名称：嵌芽嫁接。

考核时间：30 min。

1. 操作条件

（1）天气晴朗，场地干燥。

（2）提供定植在苗圃的 1 年生豆梨苗或杜梨苗 10 株，接穗 5 根。

（3）提供修剪刀、芽接刀各 1 把，2 cm、4 cm、6 cm 3 种宽度的白地膜绑带各 15 条。

（4）湿布 1 块放芽片，清水 1 盆用以清洁工具和洗手。

2. 操作内容

按嵌芽接要求进行嫁接。

3. 操作要求

（1）选择合适的砧木、接穗。

（2）正确切削砧木、接穗。

（3）正确地进行砧木、接穗贴合、绑扎。

（4）安全完成各项工作。

4. 质量指标

（1）砧木、接穗粗细合适，接穗芽眼饱满，嫁接口高度正确。

（2）接穗切面长度正确，切面平滑。砧木开口大小、长度正确，切口平滑。

（3）薄膜宽度选择合适，包扎紧密、严实。

（4）注意自身防护，完成 5 株，清理场地，工具复位。

梨 树 栽 培
试题评分表

考生姓名：　　　　　　　准考证号：

试题代码及名称		2.1.1 嵌芽嫁接		考核时间	30 min				
评价要素	配分（分）	等级	评分细则	评定等级					得分（分）
				A	B	C	D	E	
1	砧木、接穗选择正确： （1）嫁接高度离地面 15 cm 左右 （2）砧木粗度大于 0.5 cm （3）接穗枝条芽眼饱满	3	A	全部符合要求					
			B	2 点符合要求					
			C	1 点符合要求，另 2 点有欠缺					
			D	3 点均有欠缺					
			E	差或未答题					
2	正确切削砧木、接穗： （1）接穗长度、切削方式正确，接穗长切面 2 cm 左右，芽上留 0.5 cm，切面平滑 （2）砧木开口宽度略大于接穗宽度，长度略长于接穗长度 （3）切口平滑，没有凹凸	5	A	全部符合要求					
			B	2 点符合要求					
			C	1 点符合要求，另 2 点有欠缺					
			D	3 点均有欠缺					
			E	差或未答题					

续表

试题代码及名称			2.1.1 嵌芽嫁接			考核时间			30 min
评价要素		配分（分）	等级	评分细则	评定等级				得分（分）
					A	B	C	D	E	

	评价要素	配分（分）	等级	评分细则	A	B	C	D	E	得分（分）
3	砧木、接穗贴合、绑扎正确： （1）接穗切面上部与砧木贴面露白0.3 cm （2）薄膜宽度2 cm （3）包扎紧实、平整、严密	5	A	全部符合要求						
			B	2点符合要求						
			C	1点符合要求，另2点有欠缺						
			D	3点均有欠缺						
			E	差或未答题						
4	安全操作： （1）注意自身防护 （2）完成5株 （3）清理场地、工具复位	2	A	全部符合要求						
			B	2点符合要求						
			C	1点符合要求，另2点有欠缺						
			D	3点均有欠缺						
			E	差或未答题						
合计配分		15		合计得分						

考评员（签名）：

等级	A（优）	B（良）	C（及格）	D（较差）	E（差或未答题）
比值	1.0	0.8	0.6	0.2	0

"评价要素"得分=配分×等级比值。

梨树栽培

试题单

准考证号：

试题代码：3.1.1。

试题名称：疏散分层形修剪。

考核时间：30 min。

1. 操作条件

（1）天气晴朗，场地干燥。

（2）提供 2~3 年生小树 2 株，5~7 年生疏散分层形树 1 株，树生长正常，待修剪。

（3）提供修剪刀、修剪锯，手套 1 副。

（4）布条或撕裂带 20 m，榔头，小木桩 10 个。

2. 操作内容

按疏散分层形要求进行修剪。

3. 操作要求

（1）完成小树整形，拉枝。

（2）完成骨干枝处理。

（3）完成侧枝处理。

（4）注意正确的修剪方法。

（5）安全操作。

4. 质量标准

（1）按照疏散分层形树形要求完成小树整形，拉枝定型处理。

（2）对中心领导干、主枝、副主枝辨识清楚，1 年生枝条剪留长度合适，剪口芽留向正确。

（3）正确确定侧枝方向、角度，正确处理徒长枝、旺枝，正确选留更新枝，疏除过多的花芽。

（4）修剪顺序正确，剪口平滑，剪口留桩合适，正确使用修剪刀和修剪锯，双手配合协调。

（5）做好自身防护，完成 1 株树的修剪，清理现场，工具归位。

梨 树 栽 培
试题评分表

考生姓名：　　　　　　　准考证号：

试题代码及名称		3.1.1 疏散分层形修剪		考核时间					30 min	
评价要素		配分（分）	等级	评分细则	评定等级					得分（分）
					A	B	C	D	E	
1	整形，拉枝： （1）修剪出主枝，进行轻剪（破顶剪或剪去秋梢、细弱梢），长度合适 （2）对主枝进行刻芽处理（萌芽期），进行拉枝固定(有架栽培) （3）剪去强侧枝	5	A	全部符合要求						
			B	2点符合要求						
			C	1点符合要求，另2点有欠缺						
			D	3点均有欠缺						
			E	差或未答题						
2	骨干枝处理： （1）分清中心领导干、主枝、副主枝 （2）1年生枝条长度40~60 cm （3）剪口芽向外侧	5	A	全部符合要求						
			B	2点符合要求						
			C	1点符合要求，另2点有欠缺						
			D	3点均有欠缺						
			E	差或未答题						
3	侧枝处理（结果枝/组）： （1）侧枝与连接骨干枝成直角	5	A	全部符合要求						
			B	4点符合要求						

续表

试题代码及名称		3.1.1 疏散分层形修剪		考核时间	30 min				
评价要素	配分（分）	等级	评分细则	评定等级					得分（分）
				A	B	C	D	E	
3	（2）拉平侧枝 （3）徒长枝、旺枝剪去，有间隔60~80 cm空间处，留1个枝条，拉平利用 （4）4~5个侧枝留1~2个更新枝 （5）疏除多余的花芽，20 cm留2~3个花芽	5	C	3点符合要求					
			D	2点符合要求					
			E	差或未答题					
4	修剪方法正确： （1）修剪顺序为"先主后副，先大后小" （2）剪口平滑 （3）剪口留桩0.5~1 cm （4）正确使用修剪刀和修剪锯（线路平直），双手协调配合	3	A	全部符合要求					
			B	3点符合要求					
			C	2点符合要求					
			D	1点符合要求					
			E	差或未答题					
5	安全操作： （1）注意自身防护 （2）完成1株大树、2株小树的修剪 （3）清理现场 （4）工具归位	2	A	全部符合要求					
			B	3点符合要求					
			C	2点符合要求					
			D	1点符合要求					
			E	差或未答题					
合计配分	20			合计得分					

考评员（签名）：

等级	A（优）	B（良）	C（及格）	D（较差）	E（差或未答题）
比值	1.0	0.8	0.6	0.2	0

"评价要素"得分=配分×等级比值。

梨 树 栽 培
试 题 单

准考证号：

试题代码：4.1.1。

试题名称：200 倍等量式波尔多液配制和喷洒。

考核时间：30 min。

1. 操作条件

(1) 操作台、水槽，药液回收桶 1 个。

(2) 水桶 2 个，水瓢 1 个，长 1.5 m 左右的木棒 1 根。

(3) 准备 50 g 硫酸铜、50 g 生石灰，分别放在 2 个 500 mL 的烧杯中。

(4) 纱布 1 块，温水 1 壶，背负式喷药机 1 个。

2. 操作内容

按波尔多液配制要求，配制 1∶1∶200 波尔多液。

3. 操作要求

(1) 准备好硫酸铜、生石灰。

(2) 配制波尔多液。

(3) 按要求喷药，完成 1 株树喷药。

(4) 安全操作。

4. 质量标准

(1) 将硫酸铜充分溶解在 8 kg 水中；将生石灰溶于水中，经纱布过滤；石灰水加水到 2 kg。

(2) 两种溶液正确混合，搅拌；使溶液呈蔚蓝色悬浮液状，不沉淀。

(3) 喷药要求雾滴细，压力合适；喷头先朝上后朝下，先里后外，先下后上，喷布均匀；叶片背面、正面沾药；完成 1 株树喷药。

(4) 注意自身防护，戴帽子、口罩，顺风行进喷药；药液回收到指定容器中；清洗喷药桶 3 遍；清理操作场地。

梨 树 栽 培
试题评分表

考生姓名：　　　　　　　　准考证号：

试题代码及名称		4.1.1　200倍等量式波尔多液配制和喷洒		考核时间					30 min
评价要素		配分（分）	等级	评分细则	评定等级				得分（分）
					A	B	C	D	E	
1	称量、溶解正确： （1）称取 8 kg 水一桶 （2）将硫酸铜充分溶解在水中（容器底部没有沉淀） （3）将生石灰溶解，经纱布过滤 （4）石灰水加水到 2 kg	7	A	全部符合要求						
			B	3点符合要求						
			C	2点符合要求						
			D	1点符合要求						
			E	差或未答题						
2	两种溶液混合、拌匀： （1）将硫酸铜液注入石灰水中 （2）均匀搅拌 （3）溶液呈蔚蓝色悬浮液状，不沉淀	7	A	全部符合要求						
			B	2点符合要求						
			C	1点符合要求，另2点有欠缺						
			D	3点均有欠缺						
			E	差或未答题						
3	喷药正确： （1）喷药要求雾滴细，压力合适 （2）喷头先朝上后朝下，先里后外，先下后上，喷布均匀	3	A	全部符合要求						
			B	3点符合要求						
			C	2点符合要求						

续表

试题代码及名称			4.1.1 200倍等量式波尔多液配制和喷洒		考核时间				30 min	
评价要素		配分（分）	等级	评分细则	评定等级					得分（分）
					A	B	C	D	E	
3	（3）叶片正反面沾药液 （4）完成1株树喷药	3	D	1点符合要求						
			E	差或未答题						
4	安全操作： （1）戴帽子、口罩，顺风行进喷药 （2）药液回收处理 （3）清洗喷药桶 （4）清理操作场地	3	A	全部符合要求						
			B	3点符合要求						
			C	2点符合要求						
			D	1点符合要求						
			E	差或未答题						
合计配分		20		合计得分						

考评员（签名）：

等级	A（优）	B（良）	C（及格）	D（较差）	E（差或未答题）
比值	1.0	0.8	0.6	0.2	0

"评价要素"得分=配分×等级比值。